名家美学漫谈

梁启超 著

怡情之美

梁启超美学精选集

吉林人民出版社

图书在版编目（CIP）数据

怡情之美：梁启超美学精选集 / 梁启超著 . -- 长
春：吉林人民出版社，2020.12
（名家美学漫谈 / 王楠主编）
ISBN 978-7-206-17876-4

Ⅰ. ①怡… Ⅱ. ①梁… Ⅲ. ①美学—文集 Ⅳ.
①B83-53

中国版本图书馆 CIP 数据核字（2020）第 260350 号

出 品 人：常 宏
选题策划：吴文阁 翁立涛 四季中天
责任编辑：张 娜
助理编辑：刘 涵 丁 昊
封面设计：观止堂_未 泯

怡情之美：梁启超美学精选集
YIQING ZHI MEI：LIANG QICHAO MEIXUE JINGXUAN JI

著 者：梁启超
出版发行：吉林人民出版社（长春市人民大街 7548 号 邮政编码：130022）
咨询电话：0431-85378007
印 刷：天津雅泽印刷有限公司
开 本：650mm×960mm 1/16
印 张：18 字 数：210 千字
标准书号：ISBN 978-7-206-17876-4
版 次：2021 年 3 月第 1 版 印 次：2021 年 3 月第 1 次印刷
定 价：52.80 元

如发现印装质量问题，影响阅读，请与出版社联系调换。

出版说明

  中国历史上有着极为丰富的美学遗产，继承和发扬这份遗产，对于我国当代的美学教育和美学实践，对于中华文化的伟大复兴，有着重要意义。王国维、梁启超、蔡元培等学者推动了我国美学理论的发展。

  蔡元培认为："爱美是人类性能中固有的要求。一个民族，无论其文化的程度何若，从未有喜丑而厌美的。便是野蛮民族，亦有将红布挂在襟间以为装饰的，虽然他们的审美趣味很低，但即此一点，亦已足证明其有爱美之心了。我以为如其能够将这种爱美之心因势而利导之，小之可以怡性悦情，进德养身，大之可以治国平天下。何以见得呢？我们试反躬自省，当读画吟诗，搜奇探幽之际，在心头每每感到一种莫可名言的恬适。即此境界，平日那种是非利害的念头，人我差别的执着，都一概泯灭了，心中只有一片光明，一片天机。这样我们还不怡性悦情么？心旷则神逸，心广则体胖，我们还不能养身么？人我之别、利害之念既已泯灭，我们还不能进德么？人人如此，家家如此，还不能治国平天下么？"

  王国维更是在美学领域取得了辉煌成就，其所创立的"意境说"是世界美学史上唯一以中为主、三美（中国、印度、西方三大哲学美学体系）结合的理论体系，具有深远的学术影响。

鉴于此，我们编选了这套《名家美学漫谈》，编选说明如下：

一、收录王国维、梁启超、蔡元培、朱自清作品中最适合广大读者阅读、学习的有关美学方面的代表作。

二、保留原作中符合当时语境的表述，只对错别字、常识性错误进行改动。

三、参照 2012 年 6 月实施的《出版物上数字用法》国家标准，在"得体""局部体例一致""同类别同形式"等原则下，对原书中涉及年龄、年月日等数字用法，不做改动（引文、表格和括号内特别注明的除外）。中华人民共和国成立后的年、月、日统一采用公元纪年法表示。

本丛书不仅是中国美学的代表作，也是广大读者提高审美素养和审美水平的经典读物。相信广大读者，尤其是青年朋友，能够从本丛书中得到有益的启发和借鉴。

编　者

目 录
contents

第一辑　文艺与趣味

第二辑　给孩子们书

第一辑　文艺与趣味

惟 心

境者心造也。一切物境皆虚幻，惟心所造之境为真实。同一月夜也，琼筵羽觞，清歌妙舞，绣帘半开，素手相携，则有余乐；劳人思妇，对影独坐，促织鸣壁，枫叶绕船，则有余悲。同一风雨也，三两知己，围炉茅屋，谈今道故，饮酒击剑，则有余兴；独客远行，马头郎当，峭寒侵肌，流潦妨毂，则有余闷。"月上柳梢头，人约黄昏后"，与"杜宇声声不忍闻，欲黄昏，雨打梨花深闭门"，同一黄昏也，而一为欢憨，一为愁惨，其境绝异。"桃花流水杳然去，别有天地非人间"，与"人面不知何处去，桃花依旧笑春风"，同一桃花也，而一为清净，一为爱恋，其境绝异。"舳舻千里，旌旗蔽空，酾酒临江，横槊赋诗"，与"浔阳江头夜送客，枫叶荻花秋瑟瑟。主人下马客在船，举酒欲饮无管弦"，同一江也，同一舟也，同一酒也，而一为雄壮，一为冷落，其境绝异。然则天下岂有物境哉，但有心境而已。戴绿眼镜者所见物一切皆绿，戴黄眼镜者所见物一切皆黄。口含黄连者所食物一切皆苦，口含蜜饴者所食物一切皆甜。一切物果绿耶果黄耶果苦耶果甜耶？一切物非绿非黄非苦非甜，一切物亦绿亦黄亦苦亦甜，一切物即绿即黄即苦即甜。然则绿也黄也苦也甜也，其分别不在物而在我。故曰三界惟心。

有二僧因风飏刹幡，相与对论。一僧曰风动，一僧曰幡动，往复辩难无所决。六祖大师曰："非风动，非幡动，仁者心自动。"任公曰：三界惟心之真理，此一语道破矣。天地间之物一而万万而一者也。山自山，川自川，春自春，秋自秋，风自风，月自月，花自花，鸟自鸟，万古不变，无地不同。然有百人于此，同受此山此川此春此秋此风此月此花此鸟之感触，而其心境所现者百焉。千人同受此感触，而其心境所现者千焉。亿万人乃至无量数人同受此感触，而其心境所现者亿万焉，乃至无量数焉。然则欲言物境之果为何状，将谁氏之从乎？仁者见之谓之仁，智者见之谓之智，忧者见之谓之忧，乐者见之谓之乐。吾之所见者，即吾所变之境之真实相也。故曰惟心所造之境为真实。

然则欲讲养心之学者，可以知所从事矣。三家村学究，得一第，则惊喜失度，自世胄子弟视之何有焉？乞儿获百金于路，则挟持以骄人，自富豪家视之何有焉？飞弹掠面而过，常人变色，自百战老将视之何有焉？一箪食，一瓢饮，在陋巷，人不堪其忧，自有道之士视之何有焉？天下之境，无一非可乐可忧可惊可喜者，实无一可乐可忧可惊可喜者。乐之忧之惊之喜之，全在人心。所谓"天下本无事，庸人自扰之"。境则一也，而我忽然而乐，忽然而忧，无端而惊，无端而喜，果胡为者？如蝇见纸窗而竞钻，如猫捕树影而跳掷，如犬闻风声而狂吠，扰扰焉送一生于惊喜忧乐之中，果胡为者？若是者谓之知有物而不知有我。知有物而不知有我，谓之我为物役，亦名曰心中之奴隶。

是以豪杰之士，无大惊，无大喜，无大苦，无大乐，无大忧，无大惧。其所以能如此者，岂有他术哉？亦明三界唯心之真理而已，除心中之奴隶而已。苟知此义，则人人皆可以为豪杰。

选自《自由书》，1899 年

孔子之人格

我屡说孔学专在养成人格。凡讲人格教育的人，最要紧是以身作则，然后感化力才大。所以我们要研究孔子的人格。

孔子的人格，在平淡无奇中现出他的伟大，其不可及处在此，其可学处亦在此。前节曾讲过，孔子出身甚微。《史记》说："孔子贫且贱。"他自己亦说吾少也贱。（孟子说孔子为委吏，乘田皆为贫而仕。）以一个异国流寓之人，而且少孤，幼年的穷苦可想，所以孔子的境遇，很像现今的苦学生，绝无倚靠，绝无师承，全恃自己锻炼自己，渐渐锻成这么伟大的人格。我们读释迦基督墨子诸圣哲的传记，固然敬仰他的为人，但总觉得有许多地方，是我们万万学不到的。惟有孔子，他一生所言所行，都是人类生活范围内极亲切有味的庸言庸行，只要努力学他，人人都学得到。孔子之所以伟大就在此。

近世心理学家说，人性分智（理智）、情（情感）、意（意志）三方面。伦理学家说，人类的良心，不外由这三方面发动。但各人各有所偏，三者调和极难。我说，孔子是把这三件调和得非常圆满，而且他的调和方法，确是可模可范。孔子说："知仁勇三者，天下之达德。"又说："知者不惑，仁者不忧，勇者不惧。"知，就是理智的作用；仁，就是情感的作用；勇，就是意志的作用。我们试从这三方面分头观察孔子。

（甲）孔子之知的生活

孔子是个理智极发达的人。无待喋喋，观前文所胪列的学说，便知梗概。但他的理智，全是从下学上达得来。试读《论语》"吾十有五"一章，逐渐进步的阶段，历历可见。他说："我非生而知之者，好古敏以求之者也。"又说："十室之邑，必有忠信如丘者焉，不如丘之好学也。"可见孔子并不是有高不可攀的聪明智慧。他的资质，原只是和我们一样；他的学问，却全由勤苦积累得来。他又说："君子食无求饱，居无求安，敏于事而慎于言，就有道而正焉。可谓好学也已矣。"解释"好学"的意义，是不贪安逸少讲闲话多做实事，常常向先辈请教，这都是最结实的为学方法。他遇有可以增长学问的机会，从不肯放过。郯子来朝便向他问官制。在齐国遇见师襄，便向他学琴。入到太庙，便每事问。那一种遇事留心的精神，可以想见。他说："学如不及，犹恐失之。"又说："学之不讲，是吾忧也。"可见他真是以学问为性命，终身不肯抛弃。他见老子时，大约五十岁了，各书记他们许多问答的话，虽不可尽信，但他虚受的热忱，真是少有了。他晚年读《易》，韦编三绝，还恨不得多活几年好加功研究。他的《春秋》，就是临终那一两年才著成。这些事绩，随便举一两件，都可以鼓励后人向学的勇气。像我们在学堂毕业，就说我学问完成，比起孔子来，真要愧死了。他自己说"其为人也，发愤忘食，乐以忘忧，不知老之将至"云尔。可见他从十五岁到七十三岁，无时无刻不在学问之中。他在理智方面，能发达到这般圆满，全是为此。

（乙）孔子之情的生活

凡理智发达的人，头脑总是冷静的，往往对于世事，作一种冷酷无情的待遇，而且这一类人，生活都会单调性，凡事缺乏趣味。孔子却不然。他是个最富于同情心的人，而且情感很易触动。子食于有丧者之侧，未尝饱也；子见齐衰者，虽狎必变，凶服必式之。可见他对于人之死亡，无论识与不识，皆起恻隐，有时还像神经过敏。朋友死，无所归。子曰："于我殡。"孔子之卫，遇旧馆人之丧，入而哭之，一哀而出涕。颜渊死，子哭之恸。这些地方，都可证明孔子是一位多血多泪的人。孔子既如此一往情深，所以哀民生之多艰，日日尽心，欲图救济。当时厌世主义盛行，《论语》所载避地避世的人很不少。那长沮说："滔滔者，天下皆是也。而谁与易之？"孔子却说："鸟兽不可与同群，吾非斯人之徒与而谁与？天下有道，丘不与易也。"可见孔子栖栖惶惶，不但是为义务观念所驱，实从人类相互间情感发生出热力来。那晨门虽和孔子不同道，他说"是知其不可而为之者与"，实能传出孔子心事。像《论语》所记那一班隐者，理智方面都很透亮，只是情感的发达，不及孔子（像屈原一流情感又过度发达了）。

孔子对于美的情感极旺盛，他论韶武两种乐，就拿尽美和尽善对举。一部《易传》，说美的地方甚多（如乾之以美利利天下，如坤之美在其中）。他是常常玩领自然之美，从这里头，得着人生的趣味。所以他说："天何言哉？四时行焉，百物生焉。天何言哉！"说："知者乐水，仁者乐山。"前节讲的孔子赞《易》全是效法自然，就是这个意思。曾点言志，说"浴乎沂，风乎舞雩，咏而归"。孔子喟然叹曰："吾与点也。"为什么叹美曾点？为他的美感，能唤起人趣味生活。孔子这种趣味生活，看他笃嗜音乐，最能证明。在齐闻韶，闹到三月不知肉味，他老先生不是成了戏迷吗？子于是日哭，则不歌。可见他除了有特别哀痛时，每日总是曲子不离口了。子与人歌而善，必使反之而后和之，可见他最爱与人同乐。孔子因为认趣味为人生要件，所以说："不亦说乎？不亦乐乎？"说"乐以忘忧"，说"知之者不如好之者，好之者不如乐之者"。一个"乐"字，就是他老先生自得的学问。我们从前以为他是一位干燥无味方严可惮的道学先生，谁知不然。他最喜欢带着学生游泰山游舞雩，有时还和学生开玩笑呢！（夫子莞尔而笑……前言戏之耳！）《论语》说"子温而厉，威而不猛，恭而安"，正是表现他的情操恰到好处。

（丙）孔子之意的生活

凡情感发达的人，意志最易为情感所牵，不能强立。孔子却不然，他是个意志最坚定强毅的人。齐鲁夹谷之会，齐人想用兵力劫制鲁侯，说孔丘知礼而无勇，以为必可以得志。谁知孔子拿出他那不畏强御的本事，把许多伏兵都吓退了。又如他反对贵族政治，实行堕三都的政策，非天下之大勇，安能如此？他的言论中，说志说刚说勇说强的最多。如"三军可夺帅也，匹夫不可夺志也"，这是教人抵抗力要强，主意一定，总不为外界所摇夺。如"君子和而不流，强哉矫。中立而不倚，强哉矫。国有道，不变塞焉，强哉矫。国无道，至死不变，强哉矫"，都是表示这种精神。又说："志士仁人，无求生以害仁，有杀身以成仁。"又说："志士不忘在沟壑，勇士不忘丧其元。"教人以献身的观念，为一种主义或一种义务，常须存以身殉之之心。所以他说："仁者必有勇"，又说："见义不为无勇也"，可见讲仁讲义，都须有勇才成就了。孔子在短期的政治生活中，已经十分表示他的勇气，他晚年讲学著书，越发表现这种精神。他自己说："学而不厌，诲人不倦。"这两句语看似寻常，其实不厌不倦，是极难的事。意志力稍为薄弱一点的人，一时鼓起兴味做一件事，过些时便厌倦了。孔子既已认定学问教育是他的责任，一直到临死那一天，丝毫不肯松劲。不厌不倦这两句话，真当之无愧了。他赞《易》，在第一个乾卦，说"天行健，君子以自强不息"。"自强"是表意志力，"不息"是表这力的继续性。

以上从知情意即知仁勇三方面分析综合，观察孔子。试把中外古人别的伟人哲人来比较，觉得别人或者一方面发达的程度过于孔子，至于三方面同时发达到如此调和圆满，直是未有其比。尤为难得的，是他发达的径路，很平易近人，无论什么人，都可以学步。所以孔子的人格，无论在何时何地，都可以做人类的模范。我们和他同国，做他后学，若不能受他这点精神的感化，真是自己辜负自己了。

选自《孔子》，1920 年

中国韵文里头所表现的情感

本学期在清华学校讲国史，校中文学社诸生，请为文学的课外讲演，辄拈此题。所讲现未终了，讲义随讲随编，其预定的内容略如下：

一—二　导言

三　奔迸的表情法

四—五　回荡的表情法

六　附论新同化之西北民族的表情法

七—八　蕴藉的表情法

九　附论女性文学与女性情感

十　象征派的表情法

十一　浪漫派的表情法

十二　写实派的表情法

十三　文学里头所显的人生观

十四　表情所用文体的比较

讲稿皆于著史之暇间日抽余晷草之，其脱略舛谬处，自知不少——即如第三讲中论奔迸的表情法所引《陇头歌》，细思实当改入第四讲中论吞咽式表情法条下——今因《改造》杂志索稿，匆匆检付，无暇复勘校改，惟自觉用表情法分类以研究旧文学，确是别饶兴味。前人虽间或论及，但未尝为有系统的研究。不揣愚陋，辄欲从此方面引一端绪。其疏舛之处，极盼海内同嗜加以是正。

校中参考书缺乏，且时日匆促，故所引作品，仅凭记忆所及，读者幸勿责其里漏。

十一，三，二十五，在清华学校。启超。

一

天下最神圣的莫过于情感。用理解来引导人，顶多能叫人知道哪件事应该做，哪件事怎样做法，却是与被引导的人到底去做不去做，没有什么关系。有时所知的越发多，所做的倒越发少。用情感来激发人，好像磁力吸铁一般，有多大分量的磁，便引多大分量的铁，丝毫容不得躲闪，所以情感这样东西，可以说是一种催眠术，是人类一切动作的原动力。

情感的性质是本能的，但它的力量，能引人到超本能的境界；情感的性质是现在的，但它的力量，能引人到超现在的境界。我们想入到生命之奥，把我的思想行为和我的生命迸合为一，把我的生命和宇宙和众生迸合为一；除却通过情感这一个关门，别无他路。所以情感是宇宙间一种大秘密。

情感的作用固然是神圣，但它的本质不能说它都是善的都是美的。它也有很恶的方面，它也有很丑的方面。它是盲目的，到处乱碰乱进，好起来好得可爱，坏起来也坏得可怕。所以古来大宗教家大教育家，都最注意情感的陶养，老实说，是把情感教育放在第一位。情感教育的目的，不外将情感善的美的方面尽量发挥，把那恶的丑的方面渐渐压服淘汰下去。这种工夫做得一分，便是人类一分的进步。

情感教育最大的利器，就是艺术。音乐、美术、文学这三件法宝，把"情感秘密"的钥匙都掌住了。艺术的权威，是把那霎时间便过去的情感，捉住它令它随时可以再现，是把艺术家自己"个性"的情感，打进别人们的"情阈"里头，在若干期间内占领了"他心"的位置。因为它有恁么大的权威，所以艺术家的责任很重，为功为罪，间不容发。艺术家认清楚自己的地位，就该知道：最要紧的工夫，是要修养自己的情感，极力往高洁纯挚的方面，向上提挈，向里体验，自己腔子里那一团优美的情感养足了，再用美妙的技术把它表现出来，这才不辱没了艺术的价值。

二

我这篇讲演，说的是中国韵文里头所表现的情感。"韵文"是有音节的文字，那范围，从《三百篇》《楚辞》起，连乐府歌谣、古近体诗、填词、曲本，乃至骈体文都包在内（但骈体文征引较少）。我所征引的只凭我记忆力所及，自然不能说完备，但这些资料，不过借来举例，倒不在乎备不备，我想恁么多也够了。我所征引的，都是极普通脍炙人口的作品，绝不搜求隐僻，我想这种作品，最合于作品代表的资格。

我这回所讲的，专注重表现情感的方法有多少种？哪样方法我们中国人用得最多用得最好？至于所表现的情感种类，我也很想研究。但这回不及细讲，只能引起一点端绪。我讲这篇的目的，是希望诸君把我所讲的作基础，拿来和西洋文学比较，看看我们的情感，比人家谁丰富谁寒俭？谁浓挚谁浅薄？谁高远谁卑近？我们文学家表示情感的方法，缺乏的是哪几种？先要知道自己民族的短处去补救它，才配说发挥民族的长处。这是我讲演的深意。现在请入本题。

三

向来写情感的，多半是以含蓄蕴藉为原则，像那弹琴的弦外之音，像吃橄榄的那点回甘味儿，是我们中国文学家所最乐道。但是有一类的情感，是要忽然奔进一泻无余的，我们可以给这类文学起一个名，叫作"奔进的表情法"。例如碰着意外的过度的刺激，大叫一声或大哭一场或大跳一阵，在这种时候，含蓄蕴藉，是一点用不着。例如《诗经》：

> 蓼蓼者莪，匪莪伊蒿。哀哀父母，生我劬劳！
>
> （《蓼莪》）

> 彼苍者天，歼我良人！如可赎兮，人百其身。
>
> （《黄鸟》）

前一章是父母死了，悲痛到极处，"哀哀……劬劳"八个字，连泪带血迸出来。后一章是秦穆公用人来殉葬，看的人哀痛怜悯的感情，迸在这四句里头，成了群众心理的表现。

风萧萧兮易水寒，壮士一去兮不复还！

这是荆轲行刺秦始皇临动身时，他的朋友高渐离歌来送他。只用两句话，一点扭捏也没有，却是对于国家对于朋友的万斛情感，都全盘表出了。

古乐府里头有一首《箜篌引》，不知何人所作。据说是有一个狂夫，当冬天早上，在河边"被发乱流而渡"，他的妻子从后面赶上来要拦他，拦不住，溺死了。他妻子作了一首"引"，是：

公无渡河！公竟渡河！堕河而死，将奈公何！

又有一首《陇头歌》，也不知谁人所作，大约是一位身世很可怜的独客。那歌有两叠，是：

陇头流水，流离四下，念吾一身，飘然旷野。
陇头流水，鸣声呜咽，遥望秦川，肝肠断绝。

这些都是用极简单的语句，把极真的情感尽量表出，真所谓"一声何满子，双泪落君前"。你若要多著些话，或是说得委婉些，那么真面目完全丧掉了。

力拔山兮气盖世！时不利兮骓不逝！骓不逝兮可奈何！虞兮虞兮奈若何！

（《虞兮歌》）

　　大风起兮云飞扬！威加海内兮归故乡！安得猛士兮
守四方！

（《大风歌》）

　　前一首是项羽在垓下临死时对着他爱妾虞姬唱的，把英雄末路的无限情感都涌现了。后一首是汉高祖做了皇帝过后，回到故乡，对那些父老唱的，一种得意气概尽情流露。

　　陟彼北芒兮，噫！顾瞻帝京兮，噫！宫阙崔巍兮，
噫！民之劬劳兮，噫！辽辽未央兮，噫！

（《五噫歌》）

　　这一首是后汉时梁鸿作的。满肚子伤世忧民的热情；叹了五口大气，尽情发泄，极文章之能事。

　　上邪！我欲与君相知，长命无绝衰。山无陵，江水
为竭，冬雷震震夏雨雪，天地合，乃敢与君绝。

（《上邪曲》）

　　这类一泻无余的表情法，所表的十有九是哀痛一路。这首歌却是写爱情，像这样斩钉截铁的赌咒，正表示他们的恋爱到"白热度"。

　　正式的五七言诗，用这类表情法的很少，因为多少总受些格律的束缚，不能自由了。要我在各名家诗集里头举例，几乎一个也举不出（也许是我记不起）。独有表情老手的杜工部，有一首

最为怪诞。

> 剑外忽传收蓟北，初闻涕泪满衣裳。却看妻子愁何
> 在，漫卷诗书喜欲狂。白日放歌须纵酒，青春结伴好还
> 乡。即从巴峡穿巫峡，便下襄阳向洛阳。

凡诗写哀痛、愤恨、忧愁、悦乐、爱恋，都还容易，写欢喜真是难。即在长短句和古体里头也不易得。这首诗是近体，个个字受"声病"的束缚，他却作得如此淋漓尽致，那一种手舞足蹈的情形，读了令人发怔。据我看过去的诗没有第二首比得上了。

此外这种表情法，我能举得出的很少。近代人吴梅村，诗格本不算高，但他的集中却有一首，确能用这种表情法。那题目我记不真，像是《送吴季子出塞》。他劈空来恁么几句：

> 人生千里与万里，黯然销魂别而已！君独何为至于
> 此？生非生兮死非死，山非山兮水非水。……

他送的人叫作吴汉槎，是前清康熙间一位名士，因不相干的事充军到黑龙江，许多人替他叫冤，都有诗送他，梅村这首算是最好，好处是把无穷的冤抑，用几句极粗重的话表尽了。

词里头这种表情法也很少，因为词家最讲究缠绵悱恻，也不是写这种情感的好工具。若勉强要我举个例，那么，辛稼轩的《菩萨蛮》上半阕：

> 郁孤台下清江水，中间多少行人泪。西北是长安，

可怜无数山。……

这首词是在徽钦二宗北行所经过的地方题壁的，稼轩是比岳飞稍为晚辈的一位爱国军人，带着兵驻在边界，常常想要恢复中原，但那时小朝廷的君臣都不许他。到了这个地方，忽然受很大的刺激，由不得把那满腔热泪都喷出来了。

吴梅村临死的时候，有一首《贺新郎》，也是写这一类的情感，那下半阕是：

> 故人慷慨多奇节，恨当年沉吟不断，草间偷活。艾炙眉头瓜喷鼻，今日须难决绝。早患苦重来千叠。脱屣妻孥非易事，竟一钱不值何消说。……

梅村因为被清廷强奸了当"贰臣"，心里又恨又愧，到临死时才尽情发泄出来，所以很能动人。

曲本写这种情感，应该容易些，但好的也不多。以我所记得的，独《桃花扇》里头，有几段很见力量。那《哭主》一出，写左良玉在黄鹤楼开宴，正饮得热闹时，忽然接到崇祯帝殉国的急报，唱道：

> 高皇帝，在九京，不管亡家破鼎。哪知你圣子神孙，反不如飘蓬断梗！十七年忧国如病，呼不应天灵祖灵，调不来亲兵救兵。白练无情，送君王二命！……
> 宫车出，庙社倾，破碎中原费整。养文臣帷幄无谋，荼武夫疆场不猛。到今日山残水剩，对大江月明浪

明，满楼头呼声哭声。这恨怎平，有皇天作证。……

那《沉江》一出，写清兵破了扬州，史可法从围城里跑出，要到南京，听见福王已经投降，哀痛到极，迸出来几句话：

> 抛下俺断蓬船，撇下俺无家犬！呼天叫地千百遍，归无路进又难前！……累死英雄，到此日看江山换主，无可留恋。

唱完了这一段，就跳下水里死了。跟着有一位志士赶来，已经救他不及，便唱道：

> ……谁知歌罢剩空筵？长江一线，吴头楚尾路三千。尽归别姓，雨翻云变！寒涛东卷，万事付空烟！……

这几段，我小时候读它，不知淌了几多眼泪。别人我不知道，我自己对于满清的革命思想，最少也有一部分受这类文学的影响。它感人最深处，是一个个字，都带着鲜红的血呕出来。虽然比前头所举那几个例说话多些，但在这种文体不得不然，我们也不觉得它话多。

凡这一类，都是情感突变，一烧烧到"白热度"，便一毫不隐瞒，一毫不修饰，照那情感的原样子，迸裂到字句上。我们既承认情感越发真越发神圣，讲真，没有真得过这一类了。这类文学，真是和那作者的生命分劈不开。——至少也是当他作出这几句话那一秒钟时候，语句和生命是进合为一。这种生命，是要亲历其境的人自己创造，别人断乎不能替代。如"壮士不还""公无渡河"等类，大家都容易看出是作者亲历的情感。即如《桃花扇》这几段，也因为作者孔云亭是一位前明遗老（他里头还有一句说，哪晓得我老夫就是戏中之人）。这些沉痛，都是他心坎中原来有的，所以写得能够如此动人。所以这一类我认为情感文中之圣。

这种表现法，十有九是表悲痛。表别的情感，就不大好用。我勉强找，找得《牡丹亭·惊梦》里头：

> 原来是姹紫嫣红开遍，似这般都付与断井颓垣！

这两句的确是属于奔进表情法这一类。他写情感忽然受了刺激，变换一个方向，将那霎时间的新生命进现出来，真是能手。

我想，悲痛以外的情感，并不是不能用这种方式去表现。他的诀窍，只是当情感突变时，捉住他"心奥"的那一点，用强调写到最高度。那么，别的情感，何尝不可以如此呢？苏东坡的《水调歌头》，便是一个好例。

> 明月几时有，把酒问青天。不知天上宫阙，今夕是何年？我欲乘风归去，又恐琼楼玉宇，高处不胜寒。……

这全是表现情感一种亢进的状态，忽然得着一个"超现世的"新生命，令我们读起来，不知不觉也跟着到他那新生命的领域去了。这种情感的这种表现法，西洋文学里头恐怕很多，我们中国却太少了。我希望今后的文学家，努力从这方面开拓境界。

四

这一回讲的，我也起它一个名，叫作"回荡的表情法"，是一种极浓厚的情感盘结在胸中，像春蚕抽丝一般，把它抽出来。这种表情法，看它专从热烈方面尽量发挥，和前一类正相同。所异者，前一类是直线式的表现，这一类是曲线式或多角式的表现。前一类所表的情感，是起在突变时候，性质极为单纯，容不得有别种情感掺杂在里头。这一类所表的情感，是有相当的时间经过，数种情感交错纠结起来，成为网形的性质。人类情感，在这种状态之中者最多，所以文学上所表现，亦以这一类为最多。

这类表情法，在《诗经》中可以举出几个绝好模范：

鸱鸮鸱鸮！既取我子，无毁我室！恩斯勤斯，鬻子之闵斯。

迨天之未阴雨，彻彼桑土，绸缪牖户，今女下民，或敢侮予。

予手拮据，予所捋荼，予所蓄租，予口卒瘏，曰予未有室家。

予羽谯谯，予尾翛翛，予室翘翘，风雨所飘摇，予维音哓哓。

（《鸱鸮》）

《三百篇》的作者，百分之九十九没有主名，独这一篇因《尚书·金滕》所记，我们确知系出周公手笔，是当管蔡流言王业飘摇的时候，作来感悟成王的。他托为一只鸟的话，说经营这小小的一个巢，怎样的担惊恐，怎样的捱辛苦，现在还是怎样的艰难。没有一句动气语，没有一句灰心话。只有极浓极温的情感，像用深深的刀痕刻镂在字句上。那情感的丰富和醇厚，真可以代表"纯中华民族文学"的美点。它那表情方法，是用螺旋式，一层深过一层。

> 弁彼鸒斯，归飞提提。民莫不穀，我独于罹。何辜于天，我罪伊何？心之忧矣，云如之何？
>
> 踧踧周道，鞠为茂草。我心忧伤，惄焉如捣。假寐永叹，维忧用老。心之忧矣，疢如疾首。
>
> 维桑与梓，必恭敬止。靡瞻匪父，靡依匪母。不属于毛，不离于里。天之生我，我辰安在？……
>
> （《小弁》）

这诗共八章，为省时间起见，仅引三章，其实全篇是无一处不好的。这诗也大概寻得出主名，是周幽王宠爱褒姒，把太子废了，太子的师傅代太子作这篇诗来感动幽王，幽王到底不听，周朝不久也被犬戎灭了，算是历史上很有关系的一篇文学。这诗的特色，是把磊磊堆堆盘郁在心中的情感，像很费力地才吐出来，又像吐出，又像吐不出，吐了又还有。那表情方法，专用"语无伦次"的样子，一句话说过又说，忽然说到这处，忽然又说到那处。用这种方式来表现这种情绪，恐怕再妙没有了。

> 彼黍离离，彼稷之苗。行迈靡靡，中心摇摇。知我
> 者谓我心忧，不知我者谓我何求！悠悠苍天，此何人哉？
> 彼黍离离，彼稷之穗。行迈靡靡，中心如醉。知我
> 者谓我心忧，不知我者谓我何求！悠悠苍天，此何人哉？
>
> （《黍离》）

这首诗依旧说是宗周亡了过后，那些遗民，经过故都凭吊感触作出来，大约是对的。它那一种缠绵悱恻回肠荡气的情感，不用我指点，诸君只要多读几遍，自然被它魔住了。它的表情法，是胸中有种种甜酸苦辣写不出来的情绪，索性都不写了，只是咬着牙龈长言永叹一番，便觉得一往情深，活现在字句上。

> 肃肃鸨翼，集于苞棘。王事靡盬，不能蓺黍稷。父
> 母何食！悠悠苍天，曷其有极！
>
> （《鸨羽》）

> 泛彼柏舟，亦泛其流。耿耿不寐，如有隐忧。微我
> 无酒，以敖以游。
> 我心匪鉴，不可以茹。亦有兄弟，不可以据。薄言
> 往诉，逢彼之怒。
> 我心匪石，不可转也。我心匪席，不可卷也。威仪
> 棣棣，不可选也。
> 忧心悄悄，愠于群小。觏闵既多，受侮不少。静言

思之，窹辟有摽。

日居月诸，胡迭而微。心之忧矣，如匪澣衣。静言
思之，不能奋飞。

（《柏舟》）

那《鸨羽》篇，大约是当时人民被强迫去当公差，把正当职
业都耽搁了，弄到父母挨饿。那《柏舟》篇，大约是一位女子，
受了家庭的压迫，有冤无处诉，都是表一种极不自由的情感。它
的表情法，和前头那三首都不同。他们在饮恨的状态底下，情感
才发泄到喉咙，又咽回肚子里去了。所以音节很短促，若断若
续，若用曼声长谣的方式写这种情感便不对。

这五篇都是回荡的表情法，却有四种不同的方式，我们可以
给它四个记号：

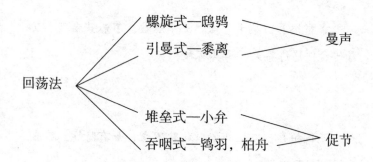

《诗经》中这类表情法，真是无体不备，像这样好的还很多，
《小雅》十有九皆是，真所谓"温柔敦厚"，放在我们心坎里头是
暖的。《诗经》这部书所表示的，正是我们民族情感最健全的状
态。这一点无论后来哪位作家，都赶不上。

楚辞的特色，在替我们文学界开创浪漫境界，常常把情感提

往"超现实"的方向，这一点下文再说。它的现实方面，还是和
《三百篇》一样路数，缠绵悱恻，怨而不怒，试举数段为例：

> ……入溆浦余儃佪兮，迷不知吾所如。深林杳以
> 冥冥兮，猿狖之所居。山峻高以蔽日兮，下幽晦以多
> 雨。霰雪纷其无垠兮，云霏霏而承宇。哀吾生之无乐
> 兮，幽独处乎山中。吾不能变心而从俗兮，固将愁苦而
> 终穷。……
>
> （《涉江》）

> ……忠何罪以遇罚兮，亦非余心之所志。行不群以
> 颠越兮，又众兆之所咍。纷逢尤以离谤兮，謇不可释。
> 情沉抑而不达兮，又蔽而莫之白。心郁邑而侘傺兮，又
> 莫察余之中情。固烦言不可结诒兮，愿陈志而无路。退
> 静默而莫余知兮，进号呼又莫吾闻。申侘傺之烦惑兮，
> 中闷瞀之忳忳。……
>
> （《惜诵》）

> 曼余目以流观兮，冀一反之何时。鸟飞反故乡兮，
> 狐死必首丘。信非吾罪而弃逐兮，何日夜而忘之。
>
> （《哀郢》）

> ……忳郁邑余侘傺兮，吾独穷困乎此时也。宁溘死
> 以流亡兮，余不忍为此态也。
>
> （《离骚》）

制芰荷以为衣兮，集芙蓉以为裳。不吾知其亦已
兮，苟余情其信芳。高余冠之岌岌兮，长余佩之陆离。
芳与泽其杂糅兮，唯昭质其犹未亏。忽反顾以游目兮，
将往观乎四荒。佩缤纷其繁饰兮，芳菲菲其弥章。人生
各有所乐兮，余独好修以为常。虽体解吾犹未变兮，岂
余心之可惩。

（《离骚》）

屈原的情感，是烦闷的，却又是浓挚的、孤洁的、坚强的。
浓挚、孤洁、坚强三种拼拢一处，已经有点不甚相容，还凑着
他那种境遇，所以变成烦闷。《涉江》那段，用象征的方式，烘
托出烦闷。《惜诵》那段，写无伦次的烦闷状态，和前文所引的
《小弁》，同一途径。《哀郢》那段，把浓挚的情感尽量显出。《离
骚》两段，专表他的孤洁和坚强。屈原是有洁癖的人，闹到情
死。他的情感，全含亢奋性，看不出一点消极的痕迹。

宋玉便不同了。他代表的作品是《九辩》，完全和屈原是两
种气味。

悲哉秋之为气也！萧瑟兮草木摇落而变衰，憭慄兮
若在远行，登山临水兮送将归。泬寥兮天高而气清，寂
寥兮收潦而水清。憯悽增欷兮薄寒之中人，怆怳懭悢兮
去故而就新。坎廪兮贫士失职而志不平，廓落兮羁旅而
无友生，惆怅兮而私自怜。……

（《九辩》）

这篇全是汉晋以后那种叹老嗟卑的颓废情感所从出，比屈原差得远了。但表情的方法，屈、宋都是一样，我譬喻它像一条大蛇，在那里蟠——蟠——蟠！又像一个极深极猛的水源，给大石堵住，在石罅里头到处喷迸。这是他们和《三百篇》不同处。

《楚辞》多半是曼声；很少促节，大抵这一体与促节不甚相宜。独有淮南小山《招隐士》，是别调，全篇都算得促节。如：

> 王孙游兮不归，春草生兮萋萋，岁暮兮不自聊，蟪蛄鸣兮啾啾，块兮轧，山曲崒，心淹留兮恫慌忽，罔兮汤，漮兮栗，虎豹穴，丛薄深林兮人上慄。

但这种促节不全属吞咽一路。像《哀郢》那几句，的确写饮恨的情感，却仍是曼声。

汉魏六朝五言诗的表情法，都走委婉一路，容下文再说。要看他们热烈的情感，还是从乐府里找。试举几首为例：

（1）悲歌可以当泣，远望可以当归。

思念故乡，郁郁累累。

欲归家无人，欲渡河无船。

心思不能言，肠中车轮转。

（2）秋风萧萧愁煞人，出亦愁，入亦愁。

座中何人，谁不怀忧，令我白头。

胡地多悲风，树木何修修。

离家日趋远，衣带日趋缓。心思不能言，肠中车轮转。

（3）来日大难，口燥唇干。今日相乐，皆当喜欢。……

月没参横，北斗阑干。亲交在门，饥不及餐。……

（4）出东门不顾，归来入门怅欲悲。

盎中无斗储，还视桁上无悬衣。

拔剑出门去，儿女牵衣啼。

他家但愿富贵，贱妾与君共铺糜。

共铺糜，上用仓浪天故，下为黄口小儿。

今时清廉难犯，教言君自爱莫为非。

行吾！去为迟。（注：行吾之"吾"字疑即"乎"字，同音通用。）

平慎行，望君归。

（5）有所思，乃在大海南。何用问遗君，双珠玳瑁簪。

用玉绍缭之，闻君有他心，拉杂摧烧之。

摧烧之，当风扬其灰。从今已往，勿复相思。

相思与君绝，鸡鸣狗吠当知之。

妃呼豨！秋风肃肃晨风飔。东方须臾高，知之。

（注："妃呼豨"，感叹辞。）

这些乐府，不惟不能得作者主名，并不能确指年代，大约是汉以后唐以前几百年间的作品。此外还有许多好的，因为它是另外一种表情法，等到下文别段再讲。读这几首，大略可以看得出当时平民文学的特采，是极真率而又极深刻，后来许多专门作家都赶不上。李太白刻意学这一体，但神味差得远了。

汉代大文学家很少，流传下来最有名的是几篇赋，都不是表情之作。五言诗初初发轫，没有壮阔的波澜，模仿《三百篇》取蕴藉一路的较多些，很回荡的可以说没有。勉强举一两首，如苏武的：

> 结发为夫妻，恩爱两不疑。欢娱在今夕，燕婉及良时。
> 征夫怀往路，起视夜何其。参辰皆已没，去去从此辞。
> 行役在战场，相见未有期。握手一长叹，泪为生别滋。
> 努力爱春华，莫忘欢乐时。生当复归来，死当长相思。

枚乘的：

> 行行重行行，与君生别离。相去万余里，各在天一涯。
> 道路阻且长，会面安可知。胡马依北风，越鸟巢南枝。
> 相去日已远，衣带日已缓。浮云蔽白日，游子不顾返。
> 思君令人老，岁月忽已晚。弃捐莫复道，努力加餐饭。

两首皆写男女别时别后的情爱，前一首近于螺旋式，后一首近于吞咽式。当时作品中，只能到这种境界而止。往前比，比不上《三百篇》、楚辞，往后比，比不上唐人，同时的，也比不上平民文学的乐府。到三国时建安七子，渐渐把五言成立一个规模，内中以曹子建为领袖。子建《赠白马王彪》一首，可算得在五言诗里头别出生面，开后来杜工部一路。这诗很长，录之如下：

> 谒帝承明庐，逝将归旧疆。清晨发皇邑，日夕过首

阳。伊洛广且深，欲济川无梁。泛舟越洪涛，怨彼东路长。顾瞻恋城阙，引领情内伤。太谷何寥廓，山树郁苍苍。霖雨泥我涂，流潦浩纵横。中逵绝无轨，改辙登高冈。修坂造云日，我马玄以黄。

玄黄犹能进，我思郁以纡。郁纡将何念，亲爱在离居。本图相与偕，中更不克俱。鸱枭鸣衡轭，豺狼当路衢。苍蝇间白黑，谗巧反亲疏。欲还绝无蹊，揽辔止踟蹰。

踟蹰亦何留，相思无终极。秋风发微凉，寒蝉鸣我侧。原野何萧条，白日忽西匿。归鸟赴乔林，翩翩厉羽翼。孤兽走索群，衔草不遑食。感物伤我怀，抚心长太息。

太息将何为，天命与我违。奈何念同生，一往形不归。孤魂翔故域，灵柩寄京师。存者忽已过，亡没身自衰。人生处一世，去若朝露晞。年在桑榆间，影响不能追。自顾非金石，咄唶令心悲。

心悲动我神，弃置莫复陈。丈夫志四海，万里犹比邻。恩爱苟不亏，在远分日亲。何必同衾帱，然后展殷勤。忧思成疾疹，毋乃儿女仁。仓卒骨肉情，能不怀苦辛。

苦辛何虑思，天命信可疑。虚无求列仙，松子久吾欺。变故在斯须，百年谁能持？离别永无会，执手将何时。王其爱玉体，俱享黄发期。收泪即长路，援笔从此辞。

大抵情感之文，若写的不是那一刹那间的实感，任凭多大作家，也写不好。子建这诗有篇序，说是同白马王任城王三兄弟入朝，任城王死去，到还国时，"有司以二王归蕃，道路宜异止宿，意毒恨之，盖以大别在数日，是用自剖，愤而成篇"云云。兄弟的真爱情，从肺腑流出，所以独好。

此后阮嗣宗几十首的《咏怀》，大部分也是表情感热烈方面的。内中如《二妃游江滨》《嘉树下成蹊》《平生少年时》《湛湛长江水》《徘徊蓬池上》《独坐空堂上》《驾言发魏都》《一日复一夕》《嘉时在今辰》等篇，都是回肠荡气的作品。陶渊明虽然是淡远一路（下文别论），但集中《咏荆轲》《拟古》里头的《荣荣窗下兰》《辞家夙严驾》《迢迢百尺楼》《种桑长江边》，《杂诗》里头的《白日沦西河》《忆我少年时》等篇，都是表现他的阳性情感，应属于这一类。此外如鲍明远的《行路难》、潘安仁的《悼亡》，都也有好处。

中古以降的诗，用这种表情法用得最好的，我可以举出一个人当代表。什么人？杜工部！后人上杜工部的徽号叫作"诗圣"，别的圣不圣，我不敢说，最少"情圣"两个字，他是当得起。他有他自己独到的一种表情法，前头的人没有这种境界，后头的人逃不出这种境界。他集中的情诗太多了，我只随意举出人人共读的几首为例：

> 客行新安道，喧呼闻点兵。借问新安吏，县小更无丁。府帖昨夜下，次选中男行。中男绝短小，何以守王城？肥男有母送，瘦男独伶俜。白水暮东流，青山闻哭声。莫自使眼枯，收汝泪纵横。眼枯即见骨，天地终无情。……
>
> （《新安吏》）

> 四郊未宁静，垂老不得安。子孙阵亡尽，焉用身独

完？投杖出门去，同行为辛酸。……老妻卧路啼，岁暮
衣裳单。孰知是死别，且复伤其寒。此去必不归，还闻
劝加餐。……

（《垂老别》）

这类是由"同情心"发出来的情感。工部是个多血质的人，他《自京赴奉先咏怀》那首诗里头说："穷年忧黎元，叹息肠内热。"又说："彤庭所分帛，本自寒女出。鞭挞其夫家，聚敛贡城阙。"又说："朱门酒肉臭，路有冻死骨。"他还有一首诗道："堂前扑枣任西邻，无食无儿一妇人。不为困穷宁有此，只缘恐惧转相亲。"集里头像这样的还多，都是同情心的表现。他的眼睛，常常注视到社会最底下那一层。他最了解穷苦人们的心理，所以他的诗因他们触动情感的最多，有时替他们写情感，简直和本人自作一样。《三吏》《三别》，便是模范的作品。后来白香山的《秦中吟》《新乐府》，也是这个路数，但主观的讽刺色彩太重，不能如工部之哀沁心脾。

（1）少陵野老吞声哭，春日潜行曲江曲。江头宫殿
锁千门，细柳新蒲为谁绿。……明眸皓齿今何在，血污
游魂归不得。清渭东流剑阁深，去住彼此无消息。人生
有情泪沾臆，江水江花岂终极。黄昏胡骑尘满城，欲往
城南忘南北。

（《哀江头》）

（2）……腰下宝玦青珊瑚，可怜王孙泣路隅。问之

不肯道姓名，但道困苦乞为奴。已经百日窜荆棘，身上
无有完肌肤。……豺狼在邑龙在野，王孙善保千金躯。
不敢长语临交衢，且为王孙立斯须。……

（《哀王孙》）

（3）忆昔开元全盛日，小邑犹藏万家室。稻米流脂
粟米白，公私仓廪俱丰实。九州道路无豺虎，远行不劳
吉日出。齐纨鲁缟车班班，男耕女桑不相失。宫中圣人
奏云门，天下朋友皆胶漆。百余年间未灾变，叔孙礼乐
萧何律。岂闻一绢直万钱，有田种穀今流血。洛阳宫殿
烧焚尽，宗庙新除狐兔穴。伤心不忍问耆旧，复恐更从
乱离说。……

（《忆昔》）

这都是他遭值乱离所现的情感，集中这一类，多到了不得，
这不过随意摘几首，前两首是遭乱的当时做的，后一首是过后追
想的。后人都恭维他的诗是诗史，但我们要知道他的诗史，每一
句每一字都有个"杜甫"在里头。

死别已吞声，生别常恻恻。江南瘴疠地，逐客无
消息。故人入我梦，明我长相忆。恐非平生魂，路远不
可测。魂来枫林青，魂返关塞黑。君今在罗网，何以有
羽翼。落月满屋梁，犹疑照颜色。水深波浪阔，毋使蛟
龙得。

（《梦李白》）

这是他梦见他留在夜郎的朋友李白，梦后写的情感。他是个最多情的人，对于好些朋友，都有诗表示热爱，这首不过其一。他对于自己身世和家族，自然用情更真切了。试举他几首：

（1）……老妻寄异县，十口隔风雪。谁能久不顾，庶往共饥渴。入门闻号咷，幼子饿已卒。吾宁舍一哀，里巷亦呜咽。所愧为人父，无食致天折。……

（《自京赴奉先咏怀》）

（2）去年潼关破，妻子隔绝久。今夏草木长，脱身得西走。麻鞋见天子，衣袖露两肘。朝廷愍生还，亲故伤老丑。……寄书问三川，不知家在否？比闻同雁祸，杀戮到鸡狗。山中漏茅屋，谁复依户牖？摧颓苍松根，地冷骨未朽。几人全性命，尽室岂相偶？……自寄一封书，今已十月后。反畏消息来，寸心亦何有。……

（《述怀》）

（3）长镵长镵白木柄，我生托子以为命！黄独无苗山雪盛，短衣数挽不掩胫。此时与子空归来，男呻女吟四壁静。呜呼！二歌兮歌始放，邻里为我色惆怅。

有弟有弟在远方，三人各瘦何人强？生别展转不相见，胡尘暗天道路长。前飞鸼鹅后鹙鸧，安得送我置汝旁。呜呼！三歌兮歌三发，汝归何处收兄骨！

有妹有妹在钟离，良人早没诸孤痴。长淮浪高蛟龙怒，十年不见来何时。扁舟欲往箭满眼，杳杳南国多旌旗。呜呼！四歌兮歌四奏，林猿为我啼清昼。

（《同谷七歌》中三首）

读这些诗，他那浓挚的爱情，隔着一千多年，还把我们包围不放哩。那《述怀》里头，"反畏消息来"一句，真深刻到十二分。那《七歌》里头"长镵"一首，意境峭入，这些地方，我们应该看他的特别技能。

他常常用很直率的语句来表情。举他一个例：

> 忆年十五心尚孩，健如黄犊走复来。庭前八月梨枣熟，一日上树能十回。即今年才五六十，坐卧只多少行立。强将笑语供主人，悲见生涯百忧集。入门依旧四壁空，老妻睹我颜色同。痴儿未知父子礼，叫怒索饭啼门东。

（《百忧集行》）

用近体来写这种盘礴郁积的情感本来极不易，这种门庭，可以说是他一个人开出。我最喜欢他《喜达行在所》三首里头那第三首的头两句：

> 死去凭谁报，归来始自怜。

仅仅十个字，把那虎口余生过去现在的甜酸苦辣，一齐迸出，我真不晓得他有多大笔力。此外好的很多，凭我记忆最熟的背它几首：

（1）国破山河在，城春草木深。感时花溅泪，恨别鸟惊心。烽火连三月，家书抵万金。白头搔更短，浑欲不胜簪。

（2）带甲满天地，胡为君远行。亲朋尽一哭，鞍马去孤城。……

（3）亦知戍不返，秋至拭清砧。已近苦寒月，况经长别心。宁辞捣熨倦，一寄塞垣深。用尽闺中力，君听空外音。

（4）今夕鄜州月，闺中只独看。遥怜小儿女，未解忆长安。香雾云鬟湿，清辉玉臂寒。何时倚虚幌，双照泪痕干。

（5）野老篱前江岸回，柴门不正逐江开。渔人网集澄潭下，估客船从返照来。长路关心悲剑阁，片云何意傍琴台。王师未报收东郡，城阙秋生画角哀。

（6）岁暮阴阳催短景，天涯霜雪霁寒宵。五更鼓角声悲壮，三峡星河影动摇。野哭千家闻战伐，夷歌几处起渔樵。卧龙跃马终黄土，人事音书漫寂寥。

他的表情方法，可以说是《鸱鸮》诗或《黍离》诗那一路，不是《小弁》诗那一路，和《楚辞》更是不同。他向来不肯用语无伦次的表现法，他所表现的情，是越引越深，越挼越紧。我想这或是时代色彩，到中古以后，那"小弁风"的堆垒表情法，怕不好适用，用来也很难动人了。至于那吞咽式，他却常用，《梦李白》那首，便是这一式的代表。但杜诗到底是曼声的比促节的好。

工部表情的好诗，绝不止前头所举的这几首（无论古近体）。我既不是做古诗的选本，只好从略。还有些属于别种表情法，下文另讲。但我们要知道，这种表情法，可以说是杜工部创作，最少亦要说到了他才成功。所以他在我们文学界占的位置，实在不同寻常。同时高、岑、王、李那些大家，都不能和他相提并论。后来这种表情法，虽然好的作品不少，都是受他影响，恕我不征引了。

别的我虽然打定主意不征引，独有元微之悼亡的七律三首，我不能不征引。因为它是这一类的表情法，却是杜工部以外的一种创作：

　　谢公最小偏怜女，自嫁黔娄百事乖。顾我无衣搜荩篋，泥他沽酒拔金钗。野蔬充膳甘长藿，落叶添薪仰古槐。今日俸钱过十万，与君营奠复营斋。
　　昔日戏言身后事，今朝都到眼前来。衣裳已施行看尽，针线犹存未忍开。尚想旧情怜婢仆，也曾因梦送钱财。诚知此恨人人有，贫贱夫妻百事哀。
　　闲坐悲君亦自悲，百年多是几多时。邓攸无子寻知命，潘岳悼亡犹费辞。同穴窅冥何所望，他生缘会更难期。惟将终夜常开眼，报答平生未展眉。

这三首诗所表的情感之浓挚，古人后人都有的。但他用白话体来做律诗，在极局促的格律底下，赤裸裸把一团真情捧出，恐怕连杜老也要让他出一头地哩。

五

回荡的表情法，用来填词，当然是最相宜。但向来词学批评家，还是推尊蕴藉，对于热烈盘礴这一派，总认为别调。我对于这两派，也不能偏有抑扬（其实亦不能严格的分别）。但把回肠荡气的名作，背几阕来当代表。

初期的大词家，当然推李后主。他是一位"文学的亡国之君"，有极悲痛的情感，却不敢公然暴露。自然要用一种盘郁顿挫的方式表它，所以最好。他代表的作品是：

（1）春花秋月何时了，往事知多少？小楼昨夜又东风，故国不堪回首月明中。

雕栏玉砌应犹在，只是朱颜改。问君能有几多愁？恰似一江春水向东流。

（《虞美人》）

（2）帘外雨潺潺，春意阑珊。罗衾不耐五更寒。梦里不知身是客，一晌贪欢。

独自莫凭阑；无限江山。别时容易见时难。流水落花春去也，天上人间。

（《浪淘沙》）

这两首词音节上虽然仍带含蓄，也算得把满腔愁怨尽情发泄了。所以宋太祖看见，竟自赐他牵机药，要他的命。

宋徽宗的身世，和李后主一样，他有一首《燕山亭》，写的亦是这一类情感；但用的是吞咽式，觉得分外凄切。今录他下半阕：

> 凭寄离恨重重，这双燕何曾会人言语？天遥地远，万水千山，知他故宫何处？怎不思量，除梦里有时曾去。无据，和梦也新来不做！

词中用回荡的表情法用得最好的，当然要推辛稼轩。稼轩的性格和履历，前头已经说过。他是个爱国军人，满腔义愤，都拿词来发泄。所以那一种元气淋漓，前前后后的词家都赶不上。他最有名的几首，是：

> （1）更能消几番风雨，匆匆春又归去。惜春长怕花开早，何况落红无数。春且住，见说道天涯芳草无归路。怨春不语，算只有殷勤，画檐蛛网，尽日惹飞絮。
>
> 长门事，准拟佳期又误。蛾眉曾有人妒。千金纵买相如赋，脉脉此情谁诉。君莫舞，君不见，玉环飞燕皆尘土。闲愁最苦，休去倚危阑，斜阳正在，烟柳断肠处。
>
> （《摸鱼儿》）

> （2）野塘花落，又匆匆过了，清明时节。刬地东风欺客梦，一枕云屏寒怯。曲岸持觞，垂杨系马，此地曾

经别。楼空人去，旧游飞燕能说。

闻道绮陌东头，行人长见，帘底纤纤月。旧恨春江流不尽，新恨云山千叠。料得明朝，尊前重见，镜里花难折。也应惊问，近来多少华发。

（《念奴娇》）

（3）绿树听啼鴂，更那堪，杜鹃声住，鹧鸪声切。啼到春归无啼处，苦恨芳菲都歇。算来抵人间离别。马上琵琶关塞黑，更长门，翠辇辞金阙。看燕燕，送归妾。

将军百战身名裂，向河梁，回头万里，故人长绝。易水萧萧西风冷，满座衣冠似雪。正壮士，悲歌未彻，啼鸟还知如许恨，料不啼清泪长啼血。谁伴我，醉明月。

（《贺新郎》）

凡文学家多半寄物托兴，我们读好的作品原不必逐首逐句比附他的身世和事实。但稼轩这几首有点不同，他与时事有关，是很看得出来。大概都是恢复中原的希望已经断绝，发出来的感慨。《摸鱼儿》里头"长门""蛾眉"等句，的确是对于宋高宗不肯奉迎二帝下诛心之论。所以《鹤林玉露》批评他说："'斜阳烟柳'之句，在汉、唐时定当贾祸。"又说："高宗看见这词，很不高兴，但终不肯加罪，可谓盛德。"诗人最喜欢讲怨而不怒，像稼轩这词，算是怨而怒了。《念奴娇》那首，题目是《书东流村壁》，正是徽钦北行经过的地方，所以把他的"旧恨新恨"一齐招惹出来。《贺新郎》那首，是和他兄弟话别之作，自然把他胸中垒块，尽情倾吐。所以这三首都是有"本事"藏在里头，不能把它当一般伤春伤别之作。

前两首都是千回百折，一层深似一层，属于我所说的螺旋式。后一首却是堆垒式，你看他一起手硬碰碰地举了三个鸟名，中间错错落落引了许多离别的故事，全是语无伦次的样子，却是在极倔强里头，显出极妩媚。《三百篇》《楚辞》以后，敢用此法的，我就只见这一首。

这一派的词，除稼轩外，还有苏东坡、姜白石都是大家。苏、辛同派，向来词家都已公认。我觉得白石也是这一路，他的好处，不在微词而在壮采。但苏、姜所处的地位，与辛不同，辛词自然格外真切，所以我拿他来做这一派的代表。

稼轩的词风，不甚宜于吞咽式，但里头也有好的。如：

> 宝钗分，桃叶渡，烟柳暗南浦。怕上层楼，十日九风雨。断肠点点飞红。都无人管，倩谁劝流莺声住。
>
> 鬓边觑，试把花卜归期，才簪又重数。罗帐灯昏，哽咽梦中语。是他春带愁来，春归何处，却不解带将愁去。
>
> （《祝英台近》）

这首很有点写出幽咽的情绪了。但仍是曼声，不是促节。促节的圣手，要推周清真，其次便数柳耆卿。各录他的代表作品一首：

> （1）柳阴直，烟里丝丝弄碧。隋堤上曾见几番，拂水飘绵送行色。登临望故国，谁识，京华倦客。长亭路年去岁来，应折柔条过千尺。
>
> 闲寻旧踪迹，又酒趁哀弦，灯照离席。梨花榆火催

寒食。愁一箭风快，半篙波暖，回头迢递便数驿。望人在天北。

　　凄恻，恨堆积。渐别浦萦回。津堠岑寂。斜阳冉冉春无极。念月榭携手，露桥闻笛。沉思前事，似梦里，泪暗滴。

（《兰陵王》）（清真）

　　（2）寒蝉凄切，对长亭晚，骤雨初歇。都门帐饮无绪，正留恋处，兰舟催发。执手相看泪眼，竟无语凝咽。念去去千里，烟波暮霭，沉沉楚天阔。

　　多情自古伤离别，更那堪，冷落清秋节。今宵酒醒何处，杨柳岸晓风残月。此去经年，应是良辰好景虚设。便总有千种风情，待与何人说。

（《雨霖铃》）（耆卿）

　　这两首算得促节的模范，读起来一个个字都是往嗓子里咽。当时有人拿耆卿的"晓风残月"和东坡的"大江东去"比较，估算两家品格的高下，其实不对。我们应该问哪一种情感该用哪一种方式。

　　吞咽式用到最刻人的，莫如李清照女士的《壶中天慢》和《声声慢》，今录她一首：

　　寻寻觅觅，冷冷清清，凄凄惨惨切切。乍暖还寒时候，最难将息。三杯两盏淡酒，怎敌他晓来风急。雁过也，正伤心，却是旧时相识。

　　满地黄花堆积，憔悴损，如今有谁堪摘。守着窗儿，独自怎生得黑。梧桐更兼细雨，到黄昏点点滴滴。
这次第，怎一个愁字了得。

（《声声慢》）

清照是当时金石学家赵明诚的夫人。他们夫妇学问都好，爱情浓挚。可惜明诚早死，清照过了半世寡妇的生涯。她这词，是写从早至晚一天的实感，那种茕独恓惶的景况，非本人不能领略，所以一字一泪，都是咬着牙根咽下。

还有一位不是词家的陆放翁，却有一首吞咽式的好词：

红酥手，黄藤酒，满城春色宫墙柳。东风恶，欢情薄，一怀愁绪，几年离索。错错错！
春如旧，人空瘦，泪痕红浥鲛绡透。桃花落，闲池阁，山盟虽在，锦书难托。莫莫莫！

（《钗头凤》）

读这首词要知道它的本事：原来放翁夫人，是他母族的表妹，结婚后不晓得为什么，他老太太发起脾气来，逼他们离婚，后来两个人都各自改婚了，但爱情总是不断。有一天放翁在一个地方名叫沈园，碰着他故妻，情感刺激到了不得，所以填这首词。后来直到六七十岁，每入城一次，总到沈园落一回眼泪。晚年还有一首诗："梦断香销四十年，沈园花老不飞绵。此身行作稽山土，犹吊遗踪一怅然。"这是和《孔雀东南飞》同性质的一出悲剧，所以他这词极能动人。

清朝好词不少。内中最特别的，算顾梁汾（贞观）寄吴汉槎的两首：

> 季子平安否？便归来，生平万事，那堪回首。行路
> 悠悠谁慰藉，母老家贫子幼。记不起从前杯酒。魑魅搏
> 人应见惯，料输他覆雨翻云手。冰与雪，周旋久。
>
> 泪痕莫滴牛衣透。数天涯依然骨肉，几家能够？比
> 似红颜多薄命，争不如今还有。只绝塞苦寒难受！廿载
> 包胥承一诺，盼乌头马角总相救。置此札，君怀袖。
>
> 我亦飘零久。十年来，深恩负尽，死生师友。宿昔
> 齐名非忝窃，试看杜陵消瘦，曾不灭夜郎僝愁。薄命长
> 辞知己别，问人生到此凄凉否？千万恨，为君剖。
>
> 兄生辛未吾丁丑。共些时冰霜摧折，早衰蒲柳。词
> 赋从今须少作，留取心魂相守。但愿得河清人寿，归日
> 急翻行戍稿，把虚名料理传身后。言不尽，观顿首。
>
> （《贺新郎》）

这两首和元微之那三首《悼亡》，算得过去文学界的双绝。
他是"三板一眼"唱得出来的一封信，以体裁论，已算创作。他
的好处，全在句句都是实感，没有浮光掠影的话，有点子血性的
人，读了不能不感动。后来成容若用尽力量把吴汉槎救回，全是
受了这两首词的刺激。容若赠梁汾的《贺新郎》，末几句："绝塞
生还吴季子，算眼前此外皆闲事。知我者，梁汾耳。"就是这两
首词结束的历史。所以我说情感是一种催眠术。

清代大词家固然很多，但头两把交椅，却被前后两位旗

人——成容若、文叔问占去，也算奇事！容若的词，自然以含蓄蕴藉的小令为最佳。但我们要知道这个人有他特别的性格：他是当时一位权相明珠的儿子，是独一无二的一位阔公子，他父母又很钟爱他。就寻常人眼光看来，他应该没有什么不满足。他不晓为什么总觉得他所处的环境是可怜的。他的夫人早死，算是他极惨痛的一件事，但不能便认为总原因，说他无病呻吟，的确不是，他受不过环境的压迫，三十多岁便死了。所以批评这个人，只能用两句旧话，说："古之伤心人，别有怀抱。"他的文学，常常表现出这种狂热的怪性。我们试背它几首：

（1）辛苦最怜天上月，一昔如环，昔昔都成玦。若似月轮终皎洁，不辞冰雪为卿热。

无那尘缘容易绝，燕子依然，软踏帘钩说。唱罢秋坟愁未歇，春丛认取双飞蝶。

（《蝶恋花》）

（2）如今才道当时错，心绪低迷。红泪偷垂，满眼春风百事非。

情知此后来无计，强说欢期。一别如斯，落尽梨花月又西。

（《采桑子》）

像这类的作品，真所谓"哀乐无端"，情感热烈到十二分，刻入到十二分。许多人说《红楼梦》的宝玉，写的就是成容若，我们虽然不愿意轻率附会，但容若的奇情，只怕有点像宝玉哩。

文叔问的词格，很近稼轩、白石，但幽咽的作品，比他们多。此老怕要算填词界最后的一个名家了。他的名作，我不大背得出，只记得几句：

> ……延伫，销魂处，早漏泄幽盟，隔帘鹦鹉，残花过影，镜中情事如许。西风一夜惊庭绿，问天上人间见否？……
>
> （《月下笛》）

题目是《戊戌八月十三日宿王御史宅闻邻笛》，咏的是戊戌政变时事。"隔帘鹦鹉"，指袁世凯泄漏我们的秘密。"一夜惊庭绿"等语，很表得出当时社会一般人对于这件事的情感。

此外宋、清两代这类表情法的好词还很多，我所举的也不能都算得代表的作品，不过凭我记得的背背罢了。

曲本里头，用回荡表情法用得好的很不少，《西厢记》《琵琶记》里头就有好些，可惜我背不出来。我脑子里头印得最深的，是《牡丹亭》的《寻梦》：

> 最撩人春色是今年。少什么高就低来粉画垣。原来春心无处不飞悬。哎！睡荼蘼抓住了裙钗线，恰便是花似人心向好处牵。
>
> 为什呵玉真重溯武陵源？也则为水点花飞在眼前。是天公不费买花钱，则咱人心上有啼红怨。唉！孤负了春三二月天。
>
> ……

　　偶然间，心似缱，梅树边。这般花花草草由人恋。生生死死随人愿，便酸酸楚楚无人怨。……

　　……一时间望一时间望眼连天，忽忽地伤心自怜。知怎生，情怅然。知怎生，泪暗悬。

　　春归人面，整相看，无一言。我待要折我待要折的那柳枝儿问天，我如今悔我如今悔不与题笺。……

　　为我慢归休缓留连，听听这不如归春暮天。难道我再难道我再到这亭园，则挣的个长眠和短眠。……

　　像这种文学，不晓得怎么样的沁人心脾！像我们这种半百岁数的人，自信得过不会偷闲学少年，理会什么闲愁闲恨，却是一日念它百回也不厌！

　　其次便是《长生殿》的《弹词》。它写李龟年流落江南，带着个琵琶卖技换饭吃，一面弹，一面唱出那种今昔兴亡之感。那龟年初出台唱的是：

　　不提防余年值乱离，逼拶得歧路遭穷败！受奔波，风尘颜面黑。叹衰残，霜雪鬓须白。今日个流落天涯，只留得琵琶在！……

　　跟着唱完了十几段，那听的人觉得他形迹蹊跷，苦苦盘问他是谁。他让人瞎猜了一大堆，才自己说明来历道：

　　俺只为家亡国破兵戈沸，因此上孤身流落在江南地。……您官人絮叨叨苦问俺为谁，则俺老伶工名唤龟年身姓李。

中间唱的那十几段，段段都好，尤为精彩的是写马嵬坡兵变那一段：

> 恰正好呕呕哑哑霓裳歌舞，不提防扑扑突突渔阳战鼓。划地里出出律律纷纷攘攘奏边书，急得个上上下下都无措。早则是喧喧嗾嗾惊惊遽遽仓仓卒卒挨挨拶拶出延秋西路，銮舆后携着个娇娇滴滴贵妃同去。又只见密密匝匝的兵恶恶狠狠的话闹闹炒炒轰轰剌剌四下喳呼，生逼散恩恩爱爱疼疼热热帝王夫妇。霎时间画就这一幅惨惨凄凄绝代佳人绝命图。

这种文学，不是曲本不能有。它的刺激性，比杜工部的《哀江头》、白香山的《长恨歌》，只怕还要强几倍哩！那整出的结构，像神龙天矫，非全读看不出来。

凡长篇的写情韵文，煞尾总须用些重笔，像特别拿电气来震荡几下，才收束得住。如《离骚》讲了许多漫游宽解的话，最后几句是：

> 陟升皇之赫戏兮，忽临睨乎旧乡。仆夫悲余马怀兮，蜷局顾而不行。

《招魂》说了一大堆及时行乐的话，最后几句是：

> 皋兰被径兮斯路渐，湛湛江水兮上有枫。目极千里兮伤春心，魂兮归来哀江南。

　　都是用这种方法，把全篇增几倍精彩。曲本里头得这诀窍的，要算《桃花扇》最后《余韵》那出的《哀江南》：

　　（1）山松野草带花挑，猛抬头秣陵重到！残军留废垒，瘦马卧空壕。村郭萧条，城对着夕阳道。

　　（2）野火频烧，护墓长楸多半焦。田羊群跑，守陵阿监几时逃。鸽翎蝠粪满堂抛，枯枝败叶当阶罩。谁祭扫，牧儿打碎龙碑帽。

　　（3）横白玉八根柱倒，堕红泥半堵墙高。碎琉璃瓦片多，烂翡翠窗棂少。舞丹墀燕雀常朝，直入宫门一路蒿，住几个乞儿饿殍。

　　（4）问秦淮旧日窗寮，破纸迎风，坏槛当潮。目断魂销，当年粉黛，何处笙箫。罢灯船端阳不闹，收酒旗重九无聊。白鸟飘飘，绿水滔滔，嫩黄花有些蝶飞，瘦红叶无个人瞧。

　　（5）你记得跨青溪半里桥，旧长板没一条。秋水长天人过少。冷清清的落照，剩一树柳弯腰。

　　（6）行到那旧院门何用轻敲。也不怕小犬哰哰，无非是断井颓巢，不过些砖苔砌草。手种的花条柳梢，尽意儿采樵。这黑灰是谁家的厨灶？

（7）俺曾见金陵玉树莺啼晓，秦淮水榭花开早，谁知道容易冰消。眼看他起朱楼，眼看他宴宾客，眼看他楼塌了。这青苔碧瓦堆，俺曾睡风流觉。将五十年兴亡看饱。那乌衣巷不姓王，莫愁湖鬼夜哭，凤凰台栖枭鸟。残山梦最真，旧境丢难掉。不信这舆图换稿，撬一套《哀江南》，放悲声唱到老。

《桃花扇》是明末南京的历史剧，借秦淮河里头几个人物写兴亡之感。末后这一出余韵，把几位遗老，扮作渔翁樵夫，发他们的感慨。《哀江南》这一首，是那樵夫唱的，是全剧的收场，所以把全剧关系地点，逐一描写它的现状，作个总结。第一段写南京城，第二段写孝陵，第三段写皇宫，都是亡国后公共的悲感。第四段写秦淮，第五段写河上的长桥，第六段写河那边的旧院（当时冶游胜处），都是剧中人物怅触旧游的特别悲感。第七段是把各种情感归拢起来，带血带泪，尽情倾吐，真所谓"悲歌当哭"了。有了这出，能把剧中情节，件件都再现一番，令它印象更深。

这种表情法，是文学上最通用的，我们中国人也用得很精熟，能够尽态极妍。我们从《三百篇》起到曲本止，把那代表的名作比较比较，也看得出进化的线路。

六

我讲完了回荡写情法，要附带论着一件事。

我们的诗教，本来以温柔敦厚为主，完全表示诸夏民族特性，《三百篇》就是唯一的模范。《楚辞》是南方新加入之一种民族的作品，它们已经同化于诸夏，用诸夏的文化工具来写情感，掺入他们固有思想中那种半神秘的色彩，于是我们文学界添出一个新境界。汉人本来不长于文学，所以承袭了《三百篇》《楚辞》这两份大遗产，没有什么变化扩大。到了"五胡乱华"时候，西北方有好几个民族加进来，渐渐成了中华民族的新分子。他们民族的特性，自然也有一部分溶化在诸夏民族性的里头，不知不觉间，便令我们的文学顿增活气。这是文学史上很重要的关键，不可不知。

这种新民族特性，恰恰和我们的温柔敦厚相反，他们的好处，全在伉爽真率。《三百篇》里头，只有《秦风》的《小戎》《驷骥》《无衣》诸篇，很有点伉爽真率气象，这就是西戎系的秦国民族性和诸夏不同处。可惜春秋以后，秦国的文学作品，没有一篇流传。燕赵古称多慷慨悲歌之士，文学总应该有异采，可惜除了《易水歌》之外，也看不着第二首。到五胡南北朝时候，西北蛮族，纷纷侵入，内中以鲜卑人为最强盛。鲜卑人在诸蛮族中，文化像是最高，后来同化于我们也最速。他们像很爱文学和音乐，唐代流传的"马上乐"，十有九都出鲜卑。他们初初学会中国话，用中国文字表他情感，完全现出异样的色彩。试写它几首：

上马不捉鞭，反折杨柳枝。蹀座吹长笛，愁杀行客儿。

腹中愁不乐，愿作郎马鞭。出入擐郎臂，蹀坐郎膝边。

放马两泉泽，忘不着连羁。担鞍逐马走，何得见马骑。

遥看孟津河，杨柳郁婆娑。我是虏家儿，不解汉儿歌。

健儿须快马，快马须健儿。跸跋黄尘下，然后别雄雌。

（《折杨柳歌》）

男儿欲作健，结伴不须多。鹞子经天飞，群雀两向波。
放马大泽中，草好马着膘。牌子铁裲裆，钜鉾鹳尾条。
前行看后行，齐着铁裲裆。前头看后头，各着铁钜鉾。
男儿可怜虫，出门怀死忧。尸丧狭谷中，白骨无人收。

（《企喻歌》）

新买五尺刀，悬着中梁柱。一日三摩挲，剧于十五女。
客行依主人，愿得主人强。猛虎依深山，愿得松柏长。

（《琅琊王歌》）

慕容攀墙视，吴军无边岸。我身分自当，枉杀墙外汉。
慕容愁愤愤，烧香作佛会。愿作墙里燕，高飞出墙外。

（《慕容垂歌》）

可怜白鼻䮁，相将入酒家。无钱但共饮，画地作交赊。
何处胅觞来，两颊色如火。自有桃花容，莫言人劝我。

（《高阳乐人歌》）

李波小妹字雍容，褰裙逐马如转蓬，左射右射必叠双。
女子尚如此，男子安可逢。

（《李波小妹歌》）

读这几首，可以大略看出他们"虏家儿"是怎么个气象了。他们生活是异常简单，思想是异常简单，心直口直，有一句说一句，他们的情感，是"没遮拦"的，你说他好也罢，说他坏也罢，总是把真面孔搬出来。别的且不管它，专就男女两性关系而论，也看出许多和从前文学态度不同的表现。试举它几首：

> 青青黄黄，雀石颓唐。槌杀野牛，押杀野羊。
>
> 驱羊入谷，白羊在前。老女不嫁，蹋地唤天。
>
> 侧侧力力，念郎无极。枕郎左臂，随郎转侧。
>
> 摩捋郎须，看郎颜色。郎不念女，各自努力。
>
> （《地驱歌》）

> 烧火烧野田，野鸭飞上天。
>
> 童男娶寡妇，壮女笑杀人。
>
> （《紫骝马歌》）

> 谁家女子能行步，反着裌禅后裙露。
>
> 天生男女共一处，愿得两个成翁姬。
>
> 华阴山头百丈井，下有流水彻骨冷。
>
> 可怜女子能照影，不见其余见斜领。
>
> 黄桑柘屐蒲子履，中央有丝两头系。
>
> 小时怜母大怜婿，何不早嫁论家计。
>
> （《捉搦歌》）

像这种毫不隐瞒毫不扭捏的表情，在《三百篇》和汉、魏人五言诗里头，绝对的找不出来。这些都是北朝文学，试拿来和并时的南朝文学比较，像那有名的《子夜》《团扇》《懊侬》《青溪》《碧玉》《桃叶》各歌曲，虽然各有各的妙处，但前者以真率胜，后者以柔婉胜，双方的分野，显然可见。

经南北朝几百年民族的化学作用，到唐朝算是告一段落。唐朝的文学，用温柔敦厚的底子，加入许多慷慨悲歌的新成分，不知不觉，便产生出一种异彩来。盛唐各大家，为什么能在文学史上占很重的位置呢？他们的价值，在能洗却南朝的铅华靡曼，掺以伉爽真率，却又不是北朝粗犷一路。拿欧洲来比方，好像古代希腊、罗马文明，掺入些森林里头日耳曼蛮人色彩，便开辟一个新天地。试举几位代表作家的作品，如李太白的：

> 金樽清酒斗十千，玉盘珍羞直万钱。停杯投箸不能食，拔剑四顾心茫然。欲渡黄河冰塞川，将登太行雪满天。闲来垂钓碧溪上，忽复乘舟梦日边。行路难，行路难！多歧路，今安在？长风破浪会有时，直挂云帆济沧海！

> （《行路难》）

杜工部的：

> 朝进东门营，暮上河阳桥。落日照大旗，马鸣风萧萧。平沙列万幕，部伍各见招。中天悬明月，令严夜寂寥。悲笳数声动，壮士惨不骄。借问大将谁，恐是霍

嫖姚。

（《后出塞》）

挽弓当挽强，用箭当用长。射人先射马，擒贼先擒王。杀人亦有限，立国自有疆。苟能制侵陵，岂在多杀伤。

（《前出塞》）

高适的：

汉家烟尘在东北，汉将辞家破残贼。男儿本自重横行，天子非常赐颜色。……山川萧条极边土，胡骑凭陵杂风雨。战士军前半死生，美人帐下犹歌舞。大漠穷秋塞草衰，孤城落日斗兵稀。身当恩遇常轻敌，力尽关山未解围。铁衣远戍辛勤久，玉箸应啼别离后。少妇城南欲断肠，征人蓟北空回首。边庭飘摇那可度，绝域苍茫更何有。杀气三时作阵云，寒声一夜传刁斗。……

（《燕歌行》）

这类作品，不独《三百篇》《楚辞》所无，即汉、魏、晋、宋也未曾有。从前虽然有些摹写侠客的诗，但豪迈气概，总不能写得尽致。内中鲍明远最喜作豪语，但总有点不自然。所以这种文学，可以说是经过一番民族化合以后，到唐朝才会发生。那时的音乐和美术，都很受民族化合的影响，文学自然也逃不出这个公例。

写关塞景况，寓悲壮情感，是唐以后新增的诗料（前此虽有，但不多，且不好）。词曲以缘情绮靡为主，用这种资料却不多。范文正有一首最好：

> 塞外秋来风景异，衡阳雁去无留意。四面边声连角起，千嶂里，长烟落日孤城闭。
> 浊酒一杯家万里，燕然未勒归无计。羌管悠悠霜满地，人不寐，将军白发征夫泪。
>
> （《渔家傲》）

词里头的苏辛派，自然都带几分这种色彩。内中最粗豪的，如稼轩的：

> 醉里挑灯看剑，醒来吹角连营。八百里分麾下炙，五十弦翻塞外声。沙场秋点兵。
> 马作的卢飞快，弓如霹雳弦惊。了却君王天下事，赢得生前身后名。可怜白发生！
>
> （《破阵子》）

名家的词，最粗犷的莫过刘后村，几乎全部集都是这一类的话。他最著名的一首是：

> 何处相逢，登宝钗楼，访铜雀台。唤厨人斫就，东溟鲸脍，圉人呈罢，西极龙媒。天下英雄，使君与操，余子何堪共酒杯？车千乘，载燕南代北，剑客奇才。
> 酒酣鼻息如雷，谁信被晨鸡催唤回。叹年光过尽，

功名未立。书生老矣，气运方来。使李将军，遇高皇帝，
万户侯何足道哉？推衣起，但凄凉感旧，慷慨生哀。

（《沁园春》）

这一派词，我本来不大喜欢，因为他有烂名士爱说大话的习
气。但他确带点北朝气味，在文学史上应备一格的。

曲本里头，有一首杂剧，像是明末清初的作品，演的是"鲁
智深醉打山门"。那鲁智深拜别他的师父时，唱道：

漫洒英雄泪，相离处士家。谢你慈悲剃度在莲台
下。没缘法，转眼分离乍。赤条条来去无牵挂。那里讨
烟蓑雨笠卷单行，一任俺芒鞋破钵随缘化。

也是刻意从粗犷一面做，因为替粗犷的人表情，不如此便失
真了。

七

这回讲的，是含蓄蕴藉的表情法。这种表情法，向来批评
家认为文学正宗，或者可以说是中华民族特性的最真表现。这种
表情法，和前两种不同。前两种是热的，这种是温的。前两种是
有光芒的火焰，这种是拿灰盖着的炉炭。这种表情法也可以分三
类：第一类是，情感正在很强的时候，他却用很有节制的样子去
表现它，不是用电气来震，却是用温泉来浸，令人在极平淡之
中，慢慢地领略出极渊永的情趣。这类作品，自然以《三百篇》

为绝唱。如：

> 瞻彼日月，悠悠我思。道之云远，曷云能来。

如：

> 昔我往矣，杨柳依依。今我来思，雨雪霏霏。行路
> 迟迟，载渴载饥。

如：

> 君子于役，不知其期。曷至哉？鸡栖于埘。
> 日之夕矣，牛羊下来。君子于役，如之何勿思？

拿这类诗和前头几回所引的相比较，前头的像外国人吃咖啡，炖到极浓，还掺上白糖牛奶。这类诗像用虎跑泉泡出的雨前龙井，望过去连颜色也没有，但吃下去几点钟，还有余香留在舌上。他是把情感收敛到十足，微微发放点出来，藏着不发放的还有许多，但发放出来的，确是全部的灵影，所以神妙。

汉魏五言诗，以这一类为正声。如李陵的：

> 携手上河梁，游子暮何之。徘徊蹊路侧，恨恨不能
> 辞。行人难久留，各言长相思。安知非日月，弦望自有
> 时。努力崇明德，皓首以为期。

那神味和"瞻彼日月"一章完全相同，真算得"含毫邈然"。又如《古诗十九首》里头的：

> 迢迢牵牛星，皎皎河汉女。纤纤擢素手，札札弄机杼。终日不成章，泣涕零如雨。河汉清且浅，相去复几许。盈盈一水间，脉脉不得语。
>
> 涉江采芙蓉，兰泽多芳草。采之欲遗谁，所思在远道。还顾望旧乡，长路漫浩浩。同心而离居，忧伤以终老。

这类诗都是用淡笔写浓情，算得汉人诗格的代表。后来如曹子建的：

> 高台多悲风，朝日照北林。之子在万里，江湖迥且深。……

阮嗣宗的：

> 嘉时在今辰，零雨洒尘埃。临路望所思，日夕复不来。……

陶渊明的：

> ……情通万里外，形迹滞江山。君其爱体素，来会在何年。

谢玄晖的：

> 大江流日夜，客心悲未央。徒念关山近，终知返
> 路长。……

都是这一派。汉魏六朝诗，这一类的好作品很多。

这一派，到初唐时，变了样子。他们把这类诗改作"长言永叹"的形式，很有些长篇。但着墨虽多，依然是以淡写浓。我譬喻它，好像一桌极讲究的素菜全席。有张若虚一首，可算代表作品：

> 春江潮水连海平，海上明月共潮生。滟滟随波千万里，何处春江无月明。江流宛转绕芳甸，月照花林皆如霰。空里流霜不觉飞，汀上白沙看不见。江天一色无纤尘，皎皎空中孤月轮。江畔何人初见月，江月何年初照人？人生代代无穷已，江月年年望相似。不知江月待何人，但见长江送流水。白云一片去悠悠，青枫江上不胜愁。谁家今夜扁舟子，何处相思明月楼？可怜楼上月徘徊，应照离人妆镜台。玉户帘中卷不去，捣衣砧上拂还来。此时相望不相闻，愿逐月华流照君。鸿雁长飞光不度，鱼龙潜跃水成纹。昨夜闲潭梦落花，可怜春半不还家。江水流天去欲尽，江潭落月复西斜。斜月沉沉藏海雾，碣石潇湘无限路。不知乘月几人归，落月摇情满江树。

（《春江花月夜》）

这首诗读起来，令人飘飘有出尘之想。"江畔何人初见月，江月何年初照人""谁家今夜扁舟子，何处相思明月楼"，这类话，真是诗家最空灵的境界。全首读来，固然回肠荡气，但那音节，既不是哀丝豪竹一路，也不是急管促板一路，专用和平中声，出以摇曳，确是《三百篇》正脉。

初唐佳作，都是这一路。虽然悲慨的情感，总用极和平的音节表它。如李峤的：

> ……自从天子去秦关，玉辇金舆不复还。珠帘羽帐长寂寞，鼎湖龙髯安可攀。千龄人事一朝空，四海为家此路穷。雄豪意气今何在？坛场宫馆尽蒿蓬。道旁故老长叹息，世事回环不可测。昔时青楼对歌舞，今日黄埃聚荆棘。山川满目泪沾衣，富贵荣华能几时？不见只今汾水上，惟有年年秋雁飞。
>
> （《汾阴行》）

相传唐明皇幸蜀时候，听人背这首诗，泣数下行，叹道："李峤真才子！"这种诗的品格高下，别一问题，但确是初唐代表，确是中国诗界传统的正声。后来自香山从这里一转手，吴梅村再从这里一转手，但可惜越转越卑弱。

盛唐以后，这一派自然也不断，好的作品自然也不少。但在古体里头，已经不很通用，因为五古很难出汉魏范围，七古很难出初唐范围。倒是近体很从这方面开拓境界，因为近体篇幅短，非用含蓄之笔，取弦外之音，便站不住。内中五律七绝为尤甚。唐人著名的七绝，和孟、王、韦、柳的五律，都是这一派。杜工部诗虽以热烈见长，他的五律，如"凉风起天末""今夜鄜州月""幽意忽不惬"等篇，也都是这一派。

王渔洋专提倡神韵，他所标举的话，是"不着一字，尽得风流""羚羊挂角，无迹可寻"，虽然太偏了些，但总不能不认为诗中高调。我想：他这种主张是对的，但这类诗作得好不好，全问意境如何。我们若依然仅有《三百篇》，汉、魏、初唐人的意境，任凭你运笔怎样灵妙，也不能出他们的范围，只有变成打油派，令人讨厌。我们生当今日，新意境是比较容易取得的。那么，这一派诗，我们还是要尽力的提倡。

第二类的蕴藉表情法，不直写自己的情感，乃用环境或别人的情感烘托出来。用别人情感烘托的，例如《诗经》：

> 陟彼冈兮，瞻望兄兮，兄曰："嗟！予弟行役，夙夜必偕。上慎旃哉，犹来无死！"……
>
> （《陟岵》）

这篇诗三章，第一章父，第二章母，第三章兄。不说他怎样地想念爹妈哥哥，却说爹妈哥哥怎样地想念他。写相互间的情感，自然加一层浓厚。

用环境烘托的，例如《诗经》：

> 我徂东山，慆慆不归。我来自东，零雨其濛。鹳鸣于垤，妇叹于室。洒扫穹窒，我征聿至。有敦瓜苦，烝在栗薪。自我不见，于今三年。
>
> （《东山》）

且不说回家会着家人的情况，但对一件极琐碎的事物——柴堆上头一棚瓜说："咱们违教三年了。"言外的感慨，不知有多少。

古乐府《孔雀东南飞》，最得此中三昧。兰芝和焦仲卿言别，该篇中最悲惨的一段，他却悲呀泪呀……不见一个字。但说：

> 妾有绣腰襦，葳蕤自生光。红罗复斗帐，四角垂香囊。箱奁六七十，绿碧青丝绳。物物各自异，种种在其中。人贱物亦鄙，不足迎新人。留待作遗施，于今无会因。……
>
> （《古诗为焦仲卿妻作》）

专从纪念物上头讲，用物来作人的象征，不说悲，不说泪，倒比说出来的还深刻几倍。到别小姑时，却把悲情尽地发泄了。

> 却与小姑别，泪落连珠子。"新妇初来时，小姑始扶床。今日被驱遣，小姑如我长。勤心养公姥，好自相扶将。初七及下九，嬉戏莫相忘。"……
>
> （同上）

兰芝的眼泪，不向丈夫落，却向小姑落。和小姑说话，不说现时的凄惨，只叙过去的情爱。没有怨恨话，只有宽慰和劝勉的话。只这一段，便能把兰芝极高尚的人格、极浓厚的爱情，全盘涌现出来。

后来用这类表情法，也是杜工部最好。如他的《羌村》三首：

> 峥嵘赤云西，日脚下平地。柴门鸟雀噪，归客千里至。妻孥怪我在，惊定还拭泪。世乱遭飘荡，生还偶然遂。邻人满墙头，感叹亦歔欷。夜阑更秉烛，相对如梦寐。

> 晚岁迫偷生，还家少欢趣。娇儿不离膝，畏我复却去。忆昔好追凉，故绕池边树。萧萧北风劲，抚事煎百虑。赖知禾黍收，已觉糟床注。如今足斟酌，且用慰迟暮。

> 群鸡正乱叫，客至鸡斗争。驱鸡上树木，始闻叩柴荆。父老四五人，问我久远行。手中各有携，倾榼浊复清。苦辞"酒味薄，黍地无人耕。兵革既未息，儿童尽东征。"请为父老歌，艰难愧深情。歌罢仰天叹，四座泪纵横。

这三首实写自己情感的地方很少（第二首有少欢趣、煎百虑等语，在三首中这首却是次一等），只是说日怎么样，云怎么样，鸟怎么样，鸡怎么样，老妻怎么样，儿子怎么样，邻居怎么样，合起来，他所谓"死去凭谁报，归来始自怜"的情感，都表现出了。还有《北征》里头的一段，也是这种笔法：

> ……况我堕胡尘，及归尽华发。经年至茅屋，妻子

衣百结。……平生所娇儿，颜色白胜雪。见耶背面啼，
垢腻脚不袜。床前两小女，补绽才过膝。海图坼波涛，
旧绣移曲折。天吴及紫凤，颠倒在裋褐。……那无囊中
帛，救汝寒凛慄。粉黛亦解苞，衾裯稍罗列。瘦妻面复
光，痴女头自栉。学母无不为，晓妆随手抹。移时施朱
铅，狼藉画眉阔。……问事竞挽须，谁能即嗔喝。……

这种诗所用表情技术，可以说和《陟岵》同一样，不写自
己情感，专写别人情感，写别人情感，专从极琐末的实境表出，
这一点又是和《东山》同样。这一类诗，我想给它一个名字，
叫作"半写实派"。它所写的事实，是用来做烘出自己情感的手
段，所以不算纯写实。它所写的事实，全用客观的态度观察出
来，专从断片的表出全相，正是写实派所用技术，所以可算得
半写实。

第三类蕴藉表情法，索性把情感完全藏起不露，专写眼前
实景（或是虚构之景），把情感从实景上浮现出来。这种写法，
《三百篇》中很少，勉强举个例，如：

春日载阳，有鸣仓庚。女执懿筐，遵彼微行，爰求
柔桑。春日迟迟，采蘩祁祁。女心伤悲，殆及公子同归。

（《七月》）

这是专从节物上写那种和乐融泄的景象，作者的情绪，自然
跟着表现出来。

但这首还有人在里头，带着写别人的情感，不能纯粹属于此

类。此类的真正代表，可以举出几首。其一，曹孟德的：

> 东临碣石，以观沧海。水何澹澹，山岛竦峙。树木
> 丛生，百草丰茂。秋风萧瑟，洪波涌起。日月之行，若
> 出其中。星汉灿烂，若出其里。幸甚至哉，歌以咏志。
>
> （《观沧海》）

这首诗仅仅写映在他眼中的海景，他自己对着这景有什么怅
触，一个字未尝道及。但我们读起来，觉得他那宽阔的胸襟，豪
迈的气概，一齐流露。

北齐有一位名将斛律光，是不识字的，有一天皇帝在殿上要
各人作诗，他冲口作了一首，便成千古绝唱。那诗是：

> 敕勒川，阴山下，天似穹庐，笼盖四野。天苍苍，
> 野茫茫，风吹草低见牛羊。
>
> （《敕勒歌》）

这诗是独自一个人骑匹马在万里平沙中所看见的宇宙，他并
没说出有什么感想，我们读过去，觉得有一个粗豪沉郁的人格活
跳出来。

阮嗣宗《咏怀》里头有一首：

> 独坐空堂上，谁可与欢者。出门临永路，不见行车
> 马。登高望九州，悠悠分旷野。孤鸟西北飞，离兽东南
> 下。日暮思亲友，晤言用自写。

这首诗一起一结，虽然也轻轻地点出他的情感，但主要处全在中间几句，从环境上写出那种百无聊赖哀乐万端的情绪，把那位哭穷途的先生全副面孔活现出来。

杜工部用这种表情法也用得最好。试举它两首：

> 竹凉侵卧内，野月满庭隅。重露成涓滴，稀星乍有无。暗飞萤自照，水宿鸟相呼。万事干戈里，空悲清夜徂。
>
> （《倦夜》）

这首诗题目是"倦夜"，看它前面仅仅三十个字，从初夜到中夜到后夜，初时看见月看见露，月落了看见星看见萤，天差不多亮了听见水鸟，写的全是自然界很微细的现象，却是通宵睡不着很疲倦的人才能看出。那"倦"的情绪，自在言外，末两句一点便够。又：

> 风急天高猿啸哀，渚清沙白鸟飞回。无边落木萧萧下，不尽长江滚滚来。……
>
> （《登高》）

这首是工部最有名的七律，小孩子都读过的。假令我们当作没有读过，掩住下半首，闭眼想一想情形，谁也该想得到是在长江上游——四川、湖北交界地方秋天一个独客登高时候所见的景物，底下"万里悲秋常作客，百年多病独登台"那两句，不过章法结构上顺手一点，其实不用下半首，已经能把全部情绪表出。

须知这类诗和单纯写景诗不同。写景诗以客观的景为重心，它的能事在体物入微，虽然景由人写，景中离不了情，到底是以景为主。这类诗以主观的情为重心，客观的景，不过借来做工具。试把工部的"竹凉侵卧内"和王右丞的"万壑树参天，千山响杜鹃。山中一夜雨，树杪百重泉。……"比较，便见得王作是纯客观的，杜作是主观气氛甚重。

第四类的蕴藉表情法，虽然把情感本身照原样写出，却把所感的对象隐藏过去，另外拿一种事物来做象征。这类方法，《三百篇》里头很少——前所举《鸱鸮》篇，可以归入这类。"山有榛隰有苓""谁能烹鱼溉之釜鬵"等篇，也带点这种气味；但属少数，且不纯粹——因为《三百篇》的原则，多半是借一件事物起兴，跟着便拍归本旨，像那种打灯谜似的象征法，那时代的诗人不大用它。但作诗的人虽然如此，后来读诗的人却不同了。试打开《左传》一看，当时凡有宴会都要赋诗，赋诗的人在《三百篇》里头随意挑选一篇借来表示自己当时所感。同一篇诗，某甲借来表这种感想，某乙也可以借来表那种感想。拿我们今日眼光看去，很有些莫名其妙。所以我说，《三百篇》的作家没有象征派，然而《三百篇》久已作象征的应用。

纯象征派之成立，起自楚辞。篇中许多美人芳草，纯属代数上的符号，他意思别有所指。如《离骚》中：

> 览相观于四极兮，周流乎天余乃下。望瑶台之偃蹇
> 兮，见有娀之佚女。吾令鸩为媒兮，鸩告余以不好。雄
> 鸠之鸣逝兮，余犹恶其佻巧。心犹豫而狐疑兮，欲自适

而不可。凤凰既受诒兮，恐高辛之先我。欲远集而无所
止兮，聊浮游以逍遥。及少康之未家兮，留有虞之二
姚。理弱而媒拙兮，恐导言之不固。世溷浊而嫉贤兮，
好蔽美而称恶。……

又：

时缤纷其变易兮，又何可以淹留。兰芷变而不芬
兮，荃蕙化而为茅。何昔日之芳草兮，今直为此萧艾
也？……余以兰为可恃兮，羌无实而容长。委厥美以从
俗兮，苟得列乎众芳。椒专佞以慢慆兮，樧又充夫佩帏。
既干进而务入兮，又何芳之能祗。固时俗之从流兮，又
孰能无变化。览椒兰其若兹兮，又况揭车与江蓠。……

这类话若不是当作代数符号看，那么，屈原到处调情到处
拈酸吃醋，岂不成了疯子？蕙会变茅，兰会变艾，天下哪有这情
理？太史公说得好："其志洁故其称物芳。"他怀抱着一种极高尚
纯洁的美感，于无可比拟中，借这种名词来比拟。他既有极浓温
的情感本质，用他极微妙的技能，借极美丽的事物做魂影，所以
着墨不多，便尔沁人心脾。如：

惜吾不及见古人兮，吾谁与玩此芳草。

（《思美人》）

如：

> 沅有芷兮澧有兰，思公子兮未敢言。
>
> （《湘夫人》）

如：

> 夫人自有兮美子，荪何为兮愁苦。
>
> （《少司命》）

如：

> 心不同兮媒劳，恩不甚兮轻绝。
>
> （《湘君》）

这都是带一种神秘性的微妙细乐，经千百年后按奏，都能使人心弦震荡。

自楚辞开宗后，汉魏五言诗，多含有这种色彩。如"庭中有奇树""迢迢牵牛星"等篇，乃至张平子的《四愁》，都是寄兴深微一路，足称楚辞嗣音。

中晚唐时，诗的国土，被盛唐大家占领殆尽；温飞卿、李义山、李长吉诸人，便想专从这里头辟新蹊径。飞卿太靡弱，长吉太纤仄，且不必论，义山确不失为一大家。这一派后来衍为西昆体，专务浮揣辞藻，受人诟病。近来提倡白话诗的人不消说是极端反对他了。平心而论，这派固然不能算诗的正宗，但就"唯美的"眼光看来，自有它的价值。如义山集中近体的《锦瑟》《碧城》《圣女祠》等篇，古体的《燕台》《河内》等篇，我敢说它能和中国文字同其命运。就中如《碧城》三首的第一首：

碧城十二曲阑干，犀辟尘埃玉辟寒。阆苑有书多附鹤，女床无树不栖鸾。星沉海底当窗见，雨过河源隔座看。若使晓珠明又定，一生长对水晶盘。

这些诗，他讲的什么事，我理会不着。拆开一句一句叫我解释，我连文义也解不出来。但我觉得它美，读起来令我精神上得一种新鲜的愉快。须知，美是多方面的，美是含有神秘性的。我们若还承认美的价值，对于这种文学，是不容轻轻抹杀啊！

八

现在要附一段专论女性文学和女性情感。

《三百篇》中——尤其《国风》——女子作品，实在不少。如《绿衣》《燕燕》《谷风》《泉水》《柏舟》《载驰》《氓》《竹竿》《伯兮》《君子于役》《狡童》《褰裳》《鸡鸣》，或传说上确有作者主名，或从文义推测得出。我们因此可想见那时候女子的教育程度和文学兴味比后来高些，或者是男女社交不如后世之闭绝，所以她们的情感有发抒之余地，而且能传诵出来。内中有好几篇最能发挥女性优美特色。如：

黾勉同心，不宜有怒。采葑采菲，无以下体。德音莫违，及尔同死。

（《谷风》）

如：

> 匪我愆期，子无良媒。将子毋怒，秋以为期。
>
> （《氓》）

这两首都是弃妇所作，追述从前爱情，有不堪回首之想，一种温厚敦笃之情，在几句话上全盘托出。又如：

> 君子于役，苟无饥渴。
>
> （《君子于役》）

伤离念远，四个字抵得千百句话。又如：

> 泛彼柏舟，在彼中河。髧彼两髦，实为我仪。之死矢靡他。母也天只！不谅人只！
>
> （《柏舟》）

这首相传是卫共姜所作，父母逼她离婚，她不肯。那坚强的意志和专一敦笃的爱情都表现出来，却是怨而不怒，纯是女子身份。又如：

> 载驰载驱，归唁卫侯。驱马悠悠，言至于漕。大夫跋涉，我心则忧。
> 既不我嘉，不能旋反。视尔不臧，我思不远。既不我嘉，不能旋济。视尔不臧，我思不閟。

陟彼阿丘，言采其虻。女子善怀，亦各有行。许人尤之，众穉且狂。

我行其野，芃芃其麦。控于大邦，谁因谁极。大夫君子，无我有尤。百尔所思，不如我所之。

（《载驰》）

这首是许穆夫人所作。她是卫国国王女儿，卫国亡了，她要回去省视她兄弟，许国人不许她，因作此诗。一派缠绵悱恻，把女性优美完全表出。

女子很少专门文学家，不惟中国，外国亦然，想是成年以后受生理上限制所致。汉魏以来女性作品，如秦嘉妻徐淑，如班婕妤，各有一两首，都很平平。蔡文姬的《胡笳十八拍》，似是唐人所谱。《悲愤》两首，大概是真。她遭乱被掠入匈奴，是人生极不幸的遭际。她自己说：

薄志节兮念死难，虽苟活兮无形颜。

可怜她情爱的神圣，早已为境遇所牺牲了，所剩只有母子情爱，到底也保不住。她诗说：

……己得自解免，当复弃儿子。……儿前抱我颈，"问母欲何之。人言母当去，岂复有还时。阿母常仁恻，今何更不慈？我今未成人，奈何不顾思？"见此崩五内，恍惚生狂痴，号泣手抚摩，当发复回疑。……

我们读这诗，除了同情之外，别无可说，她的情爱到处被蹂躏，她所写全是变态，但从变态中还见出爱芽的实在。

窦滔妻苏蕙的《回文锦》，真假不敢断定，大约真的分数多。这个作品技术的致巧，不惟空前，或者竟可说是绝后。但太雕凿违反自然了。她说："非我佳人（指窦滔）莫之能解。"只能算是他两口子猜谜，不能算文学正宗。若说这作品在我们文学史上有价值，只算它能够代表女性细致头脑的部分罢了。

苏伯玉妻《盘中诗》：

> 山树高，鸟鸣悲。泉水深，鲤鱼肥。空仓雀，常苦饥。吏人妇，会夫稀。出门望，见白衣。谓当是，而更非。还入门，中心悲。……

这首不敢断定必为女性作品，但情绪写得很好。

古乐府中有几首，不得作者主名，不知为男为女。假定若出女子，便算得汉魏间女性文学中翘楚了。如：

> 上山采蘼芜，下山逢故夫。长跪问故夫，"新人复何如？""新人虽然好，未若故人姝。颜色类相似，手爪不相如。"新人从门入，故人从阁去。新人工织缣，故人工织素。织缣日一匹，织素五丈余。将缣来比素，新人不如故。

又如：

……夫婿从南来，斜倚西北晒。语卿"且勿晒，水清石自见"。石见何累累，远行不如归。

这类诗很表示女性的真挚和纯洁，我们若认它是女性作品，价值当不在《谷风》《氓》之下。

唐宋以后，闺秀诗虽然很多，有无别人捉刀，已经待考，就令说是真，够得上成家的可以说没有。词里头算有几位，宋朱淑真的《断肠词》、李易安的《漱玉词》，清顾太清的《东海渔歌》，可以说不愧作者之林。内中惟易安杰出，可与男子争席，其余也不过尔尔。可怜我们文学史上极贫弱的女界文学，我实在不能多举几位来撑门面。

男子作品中写女性情感——专指作者替女性描写情感，不是指作者对于女性相互间情感——以《楚辞》为嚆矢。前段所讲"美人芳草"，就是这一类。如：

君不行兮夷犹，蹇谁留兮中洲。美要眇兮宜修，沛吾乘兮桂舟。令沅湘兮无波，使江水兮安流。望夫君兮未来，吹参差兮谁思。……

（《湘君》）

帝子降兮北渚，目眇眇兮愁予。嫋嫋兮秋风，洞庭波兮木叶下。……沅有茝兮澧有兰，思公子兮未敢言。荒忽兮远望，观流水兮潺湲。……

（《湘夫人》）

入不言兮出不辞，乘回风兮载云旗。悲莫悲兮
生别离，乐莫乐兮新相知。荷衣兮蕙带，倏而来兮忽
而逝。夕宿兮帝郊，君谁须兮云之际。与汝游兮九
河，冲风至兮水扬波。与汝沐兮咸池，晞汝发兮阳
之阿。……

（《少司命》）

这几首都是描写极美丽极高洁的女神，我们读起来，和看见希腊名雕温尼士女神像同一美感，可谓极技术之能事。这种文学优美处，不在字句艳丽而在字句以外的神味。后来模仿的很多，到底赶不上。李义山的《重过圣女祠》：

白石岩扉碧藓滋，上清沦谪得归迟。一春梦雨常飘
瓦，尽日灵风不满旗。……

全从以上几首脱胎，飘逸华贵诚然可喜，但女神的情感，便不容易着一字了。

汉魏古诗，写两性间相互情爱者很多，专描女性者颇少，今不细论。六朝时南北人性格很有些不同，在他们描写女性上也可以看出。北朝写女性之美，专喜欢写英爽的姿态。如：

……好妇出迎客，颜色正敷愉。伸腰再拜跪，问客
平安无。请客北堂上，坐客青氍毹。清白各异樽，酒上
正华疏。酌酒持与客，客言主人持。却略再拜跪，然后
持一杯。谈笑未及竟，左顾敕中厨，促令办粗饭，慎莫

使稽留。废礼送客出，盈盈府中趋。送客亦不远，足不
过门枢。……

（《陇西行》）

读起来仿佛人到欧洲交际社会，一位贵妇人极和蔼、极能干
的美态，活现目前。又如：

　　……朝辞爷娘去，暮宿黄河边。不闻爷娘唤女声，
但闻黄河流水鸣溅溅。旦辞黄河去，暮至黑山头。不闻
爷娘唤女声，但闻燕山胡骑声啾啾。……可汗问所欲，
木兰不用尚书郎。愿借明驼千里足，送儿还故乡。……

（《木兰词》）

这首写女子从军，虽然是一种异态，但决非南朝人意想中所
能构造。最妙者是刚健之中处处含婀娜，确是女性最优美之点。

南朝人便不同了。他们理想中女性之美，可以拿梁元帝的
《西洲曲》做代表：

　　忆梅下西洲，折梅寄江北。单衫杏子红，双鬓鸦
雏色。西洲在何处，两桨桥头渡。日暮伯劳飞，风吹乌
桕树。树下即门前，门中露翠钿。开门郎不至，出门采
红莲。采莲南塘秋，莲花过人头。低头弄莲子，莲子清
如水。置莲怀袖中，莲心彻底红。忆郎郎不至，仰首视
飞鸿。飞鸿满汀洲，望郎上青楼。楼高望不见，尽日阑
干头。阑干十二曲，垂手明如玉。卷帘天自高，海水摇

空绿。海水梦悠悠，君愁我亦愁。南风知我意，吹梦到
西洲。

这首诗写怀春女儿天真烂漫的情感，总算很好，所写的人
格，亦并不低下。但总是南派绮靡的情绪，和北派截然两样。后
来作家，大概脱不了这窠臼。

唐诗写女性最好的，莫过于杜工部的《佳人》：

绝代有佳人，幽居在空谷。自云良家子，零落依草
木。……在山泉水清，出山泉水浊。侍婢卖珠回，牵萝
补茅屋。摘花不插鬓，采柏动盈掬。天寒翠袖薄，日暮
倚修竹。

工部理想的佳人，品格是名贵极了，性质是高抗极了，体态
是幽艳极了，情绪是浓至极了。有人说这首诗便是他自己写照，
或者不错。总之描写女性之美，我说这首是千古绝唱。

太白《长干曲》模仿《西洲》很像，写小家儿女的情爱，也
还逼真，但价值不过尔尔。

李义山写女性的诗，几居全集三分之一，但义山是品性堕落
的诗人，他理想中美人不过娼妓，完全把女子当男子玩弄品，可
以说是侮辱女子人格。义山天才确高，爱美心也很强，倘使他的
技术用到正途，或者可以做写女性情感的圣手，看他《悼亡》诸
作可知。可惜他本性和环境都太坏；仅成就得这种结果。不惟在
文学界没有好影响，而且留下许多遗毒，真是我们文学史上一件
不幸了。

词里头写女性最好的，我推苏东坡的《洞仙歌》：

> 冰肌玉骨，自清凉无汗。水殿风来暗香满。绣帘开，一点明月窥人，人未寝，欹枕钗横鬓乱。
>
> 起来携素手，庭户无声，时见疏星度河汉。试问夜如何？夜已三更，金波淡玉绳低转。但屈指西风几时回，又不道流年暗中偷换。

好处在情绪的幽艳，品格的清贵，和工部《佳人》不相上下。稼轩的：

> 蓦然回首，那人却在，灯火阑珊处。
>
> （《青玉案》）

白石的：

> 想佩环夜月归来，化作此花幽独。
>
> （《疏影》）

都能写出品格。柳屯田写女性词最多，可惜毛病和义山一样，藻艳更在义山下。

曲本每部总有女性在里头，但写得好的很少。因为他们所构曲中情节，本少好的，描写曲中人物，自然不会好。例如《西厢记》一派，结局是调情猥亵，如何能描出清贵的人格？又如《琵琶记》一派，主意在劝惩，并不注重女性的真美。所以曲本写女性虽多，竟找不出能令我心折的作品。内中惟汤玉茗是最浪漫式的人。《牡丹亭·惊梦》里头，确有些新境界。如：

> 可知我常一生儿爱好是天然。恰三春好处无
> 人见。……

"爱好是天然"这句话，真所谓为爱美而爱美，从前没有人能道破，写女性高贵，此为极品了。底下跟着衍这段意思，也有许多名句。如：

> 朝飞暮卷，云霞翠轩。雨丝风片，烟波画船。锦屏
> 人忒看得韶光贱。

如：

> 则为俺生小婵娟，拣名门一例一例里神仙眷。甚良
> 缘把青春抛得远，俺的睡情谁见。……

如：

> 则为你如花美眷，似水流年。是答儿闲寻遍，在幽
> 闺自怜。

这些词句，把情绪写得像酒一般浓，却不失闺秀身份，在艳词中算是最上乘了。

这段末后，还有几句话要讲讲。近代文学家写女性，大半以"多愁多病"为美人模范，古代却不然。《诗经》所赞美的是"硕人其颀"，是"颜如舜华"。楚辞所赞美的是"美人既醉朱颜酡，娭光眇视目层波"。汉赋所赞美的是"精耀华烛俯仰如神"，是"翩若惊鸿矫若游龙"。凡这类形容词，都是以容态之艳丽和体格之俊健合构而成，从未见以带着病的恹弱状态为美的。以病态为美，起于南朝，适足以证明文学界的病态。唐宋以后的作家，都汲其流，说到美人便离不了病，真是文学界一件耻辱。我盼望往后文学家描写女性，最要紧先把美人的健康恢复才好。

九

欧洲近代文坛，浪漫派和写实派迭相雄长。我国古代，将这两派划然分出门庭的可以说没有。但各大家作品中，路数不同，很有些分带两派倾向的。今先说浪漫的作品。

《三百篇》可以说代表诸夏民族平实的性质，凡涉及空想的一切没有。我们文学含有浪漫性的自《楚辞》始。春秋、战国时候的中原人都来说"楚人好巫鬼"，大抵他们脑海中，含有点野蛮人神秘意识，后来渐渐同化于诸夏，用诸夏公用的文化工具表现他们的感想，带着便把这种神秘意识放进去，添出我们艺术上的新成分。这种意识，或者从远古传来，乃至和我们民族发源地有什么关系也未可知。试看，《楚辞》里头讲昆仑的最多——大约不下十数处，像是对于昆仑有一种渴仰，构成他们心中极乐国土。这种思想渊源，和中亚细亚地方有无关系，今尚为历史上未决问题。他们这种超现实的人生观，用美的形式发掘出来，遂为我们文学界开一新天地。《楚辞》的最大价值在此。

《楚辞》浪漫的精神表现得最显者，莫如《远游》篇。它起首那段有几句：

> 惟天地之无穷兮，哀人生之长勤。往者余弗及兮，来者吾不闻。

屈原本身有两种矛盾性：他头脑很冷，常常探索玄理，想象"天地之无穷"；他心肠又很热，常常悲悯为怀，看不过"民生之多艰"（《离骚》语）。他结果闹到自杀，都因为这两种矛盾性交战，苦痛忍受不住了。他作品中把这两种矛盾性充分发挥，有一半哭诉人生冤苦，有一半是寻求他理想的天国。《远游》篇就是属于后一类。他说：

> 载营魄而登霞兮，掩浮云而上征。命天阍其开关兮，排阊阖而望予。召丰隆使先导兮，问太微之所居。集重阳入帝宫兮，造旬始而观清都。朝发轫于太仪兮，夕始临乎于微闾。屯余车之万乘兮，纷溶与而并驰。驾八龙之婉婉兮，载云旗之逶蛇。建雄虹之采旄兮，五色杂而炫耀。服偃蹇以低昂兮，骖连蜷以骄骜。骑胶葛以杂乱兮，斑漫衍而方行。撰余辔而正策兮，吾将过乎句芒。历太皓以右转兮，前飞廉以启路。阳杲杲其未光兮，凌天地以径度。……

如此之类有好几段，完全是幻构的境界。最末一段道：

经营四方兮，周流六漠。上至列缺兮，降望大壑。
下峥嵘而无地兮，上寥廓而无天。视倏忽而无见兮，听
惝恍而无闻。超无为以至清兮，与泰初而为邻。

这类文学，纯是求真美于现实界以外，以为人类五官所能接
触的境界都是污浊，要搬开它别寻心灵净土。《离骚》《涉江》中
一部分，也是这样。

《招魂》——据太史公说也是屈原所作。其想象力之伟大复
杂实可惊。前半说上下四方到处痛苦恐怖的事物，都出乎人类意
境以外。后半说浮世的快乐，也全用幻构的笔法写得淋漓尽致。
末后一段说这些快乐，到头还是悲哀，以"魂兮归来哀江南"一
句，结出作者情感根苗。这篇名作的结构和思想，都有点和噶特
（歌德）的《浮士达德》相仿佛。

《楚辞》中纯浪漫的作品，当以《九歌》的《山鬼》为代表。
今录其全文：

若有人兮山之阿，被薜荔兮带女萝。既含睇兮又宜
笑，子慕余兮善窈窕。

乘赤豹兮从文狸，辛夷车兮结桂旗。被石兰兮带杜
衡，折芳馨兮遗所思。

余处幽篁兮终不见天，路险艰兮独后来。

表独立兮山之上，云容容兮而在下。杳冥冥兮羌昼
晦，东风飘兮神灵雨。

留灵修兮憺忘归，岁既晏兮孰华予。

采三秀兮于山间，石磊磊兮葛蔓蔓。思公子兮憺忘

归，君思我兮不得闲。山中人兮芳杜若，饮石泉兮荫松
柏。君思我兮然疑作。

雷填填兮雨冥冥，猨啾啾兮又夜鸣。风飒飒兮木萧
萧，思公子兮徒离忧。

这篇和《远游》《离骚》《招魂》等篇作法不同，那几篇都写
作者自身和所构幻境的关系，这篇完全另写一第三者作影子。我
们若把这篇当画材，将那山鬼的环境、面影、性格画来，便活现
出屈原的环境、面影、性格。这种纯粹浪漫的做法，在我们文学
界里头，当以此篇为嚆矢。

陶渊明的《桃花源诗序》，正是浪漫派小说的鼻祖。那首诗
自然也是浪漫派绝好韵文。里头说的：

……相命肆农耕，日入随所憩。桑竹垂余荫，菽稷
随时艺。春蚕收长丝，秋熟靡王税。荒路暖交通，鸡犬
互鸣吠。……童孺纵行歌，斑白欢游诣。草荣识节和，
木衰知风厉。虽无纪历志，四时自成岁。怡然有余乐，
于何劳智慧？……

这是渊明理想中绝对自由绝对平等无政府的互助的社会状
况，最主要的精神是"超现实"。但它和《楚辞》不同处，在不
带神秘性。

神仙的幻想，在我们文学界中很占势力，这种幻想，自然是
导源于《楚辞》，但后人没有屈原那种剧烈的矛盾性，从形式上
模仿蹈袭，往往讨厌。如曹子建也有一首《远游篇》，读去便味

后来这类作品，我最爱者为王介甫的《巫山高》二首：

巫山高，十二峰。上有往来飘忽之猿猱，下有出没瀺灂之蛟龙，中有倚薄缥缈之神宫。神人处子冰雪容，吸风饮露虚无中，千岁寂寞无人逢，邂逅乃与襄王通。丹崖碧嶂深重重，白月如日明房栊，象床玉几来自从，锦屏翠幔金芙蓉。阳台美人多楚语，只有纤腰能楚舞，争吹凤管鸣鼍鼓。那知襄王梦时事，但见朝朝暮暮长云雨。

巫山高，偃薄江水之滔滔。水于天下实至险，山亦起伏为波涛。其巅冥冥不可见，崖岸斗绝悲猿猱。赤枫青栎生满谷，山鬼白日樵人遭。窈窕阳台彼神女，朝朝暮暮能云雨。以云为衣月为褚，乘光服暗无留阻。昆仑曾城道可取，方丈蓬莱多伴侣。块独守此嗟何求，况乃低徊梦中语。

这类诗词，从唯美的见地看去，很有价值。他们并无何种寄托，只是要表那一片空灵纯洁的美感。太白、介甫一流人，胸次高旷，所以能有这类作品。像杜工部虽然是情圣，他却不会作此等语。

苏东坡也是胸次高旷的人，但他的文学不含神秘性，纯浪漫的作品较少。他贬谪琼州的时候，坐在山轿子上打盹，正在遇雨，梦中得了十个字的名句："千山动鳞甲，万壑酣笙钟。"醒来续成一首诗道：

四洲环一岛，百洞蟠其中。我行西北隅，如度月半弓。登高望中原，但见积水空。此身将安归？四顾真途穷。眇观大瀛海，坐咏谈天翁。茫茫太仓间，稊米谁雌雄。幽怀忽破散，咏啸来天风。千山动鳞甲，万壑醯笙钟。焉知非群仙，钧天宴未终。喜我归有期，举酒属青童。急雨岂无意，催诗走群龙。梦中忽变色，笑电亦改容。应怪东坡老，颜衰语徒工。久矣此妙声，不闻蓬莱官。

他作诗时候所处的境界，恰好是最浪漫的，他便将那一刹那间的实感写出来，不觉便成浪漫派中上乘作品。

浪漫派特色，在用想象力构造境界。想象力用在醇化的美感方面，固然最好。但何能个个人都如此？所以多数走入奇诡一路。《楚辞》的《招魂》已开其端绪，太白作品，也半属此类。中唐以后，这类作风益盛。韩昌黎的《陆浑山火和皇甫湜》《孟东野失子》《二鸟诗》等篇，都带这种色彩。我们可以给它一个绰号，叫作"神话文学"。神话文学的代表作品，应推卢玉川。他有名的《月蚀诗》二千多字，完全像希腊神话一般。内中一段：

……传闻古老说，蚀月虾蟆精。径圆千里入汝腹，汝此痴骸阿谁生？……忆昔尧为天，十日烧九州，金铄水银流，玉烛丹砂焦，六合烘为窑，尧心增百忧。帝见尧心忧，勃然发怒决洪流，立拟沃杀九日妖。天高日走沃不及，但见万国赤子膙膙生鱼头。此时九御导九日，争持节幡麾幢旒，驾车六九五十四头蛟，蟁虻掣电九火辀。汝若

蚀开趣齵轮，御辔执索相爬钩。推荡轰訇入汝喉，红鳞焰
鸟烧口快，翎鬣倒侧声酸邹，撑肠柱肚礧块如山丘，自可
饱死更不偷，不独填饥坑，亦解尧心忧。……

又如《与马异结交诗》中一段：

> 伏羲画八卦，凿破天心胸。女娲本是伏羲妇，恐天
> 怒，捣炼五色石，引日月之针五星之缕把天补。补了三
> 日不肯归婿家，走向日中放老鸦。月里栽桂养虾蟆，天
> 公发怒化龙蛇。此龙此蛇得死病，神农合药救死命。天
> 怪神农党龙蛇，罚神农为牛头令载元气车。不知药中有
> 毒药，药杀元气天不觉。……

这种诗取采资料，都是最荒唐怪诞的神话，还添上本人新构
的幻想，变本加厉。这种诗好和歹且不管它，但我们不能不承认
作者胆量大，替诗界作一种解放，又不能不承认是诗界一种新国
土，将来很有继续开辟的余地。

玉川最喜欢把人类意识赋与人类以外诸物。《观放鱼歌》：
"鸂鶒鸧鸥凫，喜观争叫呼。小虾亦相庆，绕岸摇其须。"便是。
他还有二十首小诗，设为石、竹、井、马兰、蛱蝶、虾蟆，相互
谈话。内中石说道："我在天地间，自是一片物。可得杠压我，
使我头不出。"他所假设一场谈话，虽然没有什么深奥哲理，但
也算诗界一种创作，比陶渊明的《形影神问答》进一步。

同时李长吉也算浪漫派的别动队，他的诗字字句句都经过
千锤百炼，但他的特别技能不仅在字句的锤炼，实在想象力的锤

炼。他的代表作品，如《金铜仙人辞汉歌》：

> 茂陵刘郎秋风客，夜间马嘶晓无迹。画栏桂树悬
> 秋香，三十六宫土花碧。魏官牵车指千里，东关酸风
> 射眸子。空将汉月出宫门，忆君清泪如铅水。衰兰送
> 客咸阳道，天若有情天亦老。携盘独出月荒凉，渭城
> 已远波声小。

此外如"昆山玉碎凤凰叫，芙蓉泣露香兰笑"，如"女娲炼
石补天处，石破天惊逗秋雨"，如"洞庭雨脚来吹笙，酒酣喝月
使倒行"，如"银浦流云学水声"，如"呼龙耕烟种瑶草"，如
"南风吹山作平地，帝遣天吴移海水"，此等语句，不知者以为是
卖弄辞藻，其实每一句都有它特别的意境。大抵长吉脑里头幻象
很多，每一个幻象，他自己立限只许用十来个字把它写出，前人
评他作诗是"呕心"，真不错。这种诗自然不该学，但我们不能
不承认它在文学史上的价值。

十

现在要讲写实派。写实派作法，作者把自己情感收起，纯用
客观态度描写别人情感。作法要领，是要将客观事实照原样极忠
实地写出来，还要写得详尽。因为如此，所以所写的多是三几个
寻常人的寻常行事或是社会上众人共见的现象，截头截尾单把一
部分状态委细曲折传出。简单说，是专替人类作断片的写照。

这种作品，在《三百篇》里头不能说没有。如《卫风》的

《硕人》,《郑风》的《大叔于田》《褰裳》,《豳风》的《七月》,
都有点这种意思。但《三百篇》以温柔敦厚为主,不肯作露骨
的刻画,自然不能当这派作品的模范。《楚辞》纯属浪漫的作风,
和这派正极端反对,当然没有可征引了。

汉人乐府中有一首《孤儿行》,可以说是纯写实派第一首诗。
全录如下:

孤儿生,孤儿遇生命当独苦。

父母在时,乘坚车驾驷马。父母已去,兄嫂令我
行贾。

南到九江,东到齐与鲁。腊月来归,不敢自言苦。

头多虮虱,面目多尘土。

大兄言办饭,大嫂言视马。上高堂行趣殿,下堂,
孤儿泪下如雨。

使我朝行汲暮得水,来归手为错,足下无扉。

怆怆履霜,中多蒺藜。拔断蒺藜,肠肉中怆欲悲。
泪下渫渫,清涕累累。

冬无复襦,夏无单衣。居生不乐,不如早去下从地
下黄泉。

春气动,草萌芽。三月蚕桑,六月收瓜。将是瓜
车,来还到家。

瓜车反覆,助我者少,啖瓜者多。愿还我蒂,兄与
嫂严独且急,归当与校计。

乱曰:里中一何诡诡!愿欲寄尺书将与地下父母,
兄嫂难与久居。

这首诗只是写寻常百姓家一个可怜的孩子，将他日常经历直叙，并不下一字批评，读起来能令人同情心到沸度，可以说是写实派正格。

《孔雀东南飞》是最有结构的写实诗。它写十几个人问答语，各人神情毕肖，真是圣手。内中"妾有绣丝襦……""着我绣袄裙……""青雀白鹄舫……"三段，铺叙实物，尤见章法。可惜所铺叙过于富丽，稍失写实家本色。又篇末松梧交枝、鸳鸯对鸣等语，已经掺入象征法。虽然如此，这诗总算写实妙品。

魏晋写实的五言，以左太冲《娇女诗》为第一。

吾家有娇女，皎皎颇白皙。小字为织素，口齿自清历。

鬓发覆广额，双耳似连璧。明朝弄梳台，黛眉类扫迹。

浓朱衍丹唇，黄吻烂漫赤。娇语若连琐，忿速乃明悆。

握笔利彤管，篆刻未期益。执书爱绨素，诵习矜所获。

其姊字惠芳，面目灿如画。轻妆喜楼边，临镜忘纺绩。

举觯拟京兆，立的成复易。玩弄眉颊间，剧兼机杼役。

从容好赵舞，延袖像飞翮。上下弦柱际，文史辄卷襞。

顾盼屏风画，如见己指摘。丹青日尘暗，明义为隐赜。

　　驰骛翔园林，果不皆生摘。红葩缀紫蒂，萍实骤抵掷。

　　贪华风雨中，倏忽数百适。务蹑霜雪戏，重綦常累积。

　　并心注肴馔，端坐理盘槅。翰墨戢闲案，相与数离逖。

　　动为炉钲屈，屣履任之适。止为茶荄据，吹吁对鼎锧。

　　脂腻漫白袖，烟熏染阿锡。衣被皆重池，难与沉水碧。

　　任其孺子意，羞受长者责。瞥闻当予杖，掩泪俱向壁。

　　这首诗活画出两位天真烂漫、性情活泼、娇小玲珑、又爱美又不懂事的女孩子。尤当注意者，太冲对于这两位女孩子，取什么态度，有何等情感，诗中一个字没有露出。他的目的全在那映到他眼里的小女孩子情感，他用极冷静的态度忠实观察它、忠实描写它，所以入妙。后来模仿这首诗的不少，但都赶不上它。如李义山的《骄儿诗》，即是其中之一首。依着《骄儿诗》看来，义山那位衮师少爷顽劣得可厌，是不管他。——也许是义山照样写实，那么少爷虽不好，诗还是好。但那诗中说旁人对于他儿子怎样批评，又说他自己对于儿子怎样希望，还把自己和儿子比较，发一段牢骚，这是何苦呢？我们拿这两首诗比一比，便可以悟出写实派作法的要诀。

前回曾举出杜工部半写实派的几首诗。其实工部纯写实派的作品也很不少而且很好。如：

献凯日继踵，两蕃静无虞。渔阳游侠地，击鼓吹笙竽。云帆转辽海，粳稻来东吴。越裳与楚练，照耀舆台躯。主将位益崇，气骄凌上都。边人不敢议，议者死路衢。

（《后出塞》）

这首诗是安禄山还未造反时作的，所指就是安禄山那一班军阀。仅仅六十个字，把他们豪奢骄蹇情形都写完了。他却并没有一个字批评，只是用巧妙技术把实况描出，令读者自然会发厌恨忧危种种情感。这是写实文学最大作用。又如：

三月三日天气新，长安水边多丽人。态浓意远淑且真，肌理细腻骨肉匀。绣罗衣裳照暮春，蹙金孔雀银麒麟。头上何所有，翠为匌叶垂鬓唇。背后何所见，珠压腰衱稳称身。就中云幕椒房亲，赐名大国虢与秦。紫驼之峰出翠釜，水精之盘行素鳞。犀箸厌饫久未下，鸾刀缕切空纷纶。黄门飞鞚不动尘，御厨络绎送八珍。箫鼓哀吟感鬼神，宾从杂遝实要津。后来鞍马何逡巡，当轩下马入锦茵。杨花雪落覆白苹，青鸟飞去衔红巾。炙手可热势绝伦，慎莫近前丞相嗔。

又如：

步屟随春风，村村自花柳。田翁逼社日，邀我尝春酒。酒酣夸新尹，畜眼未见有。回头指大男，"渠是弓弩手。名在飞骑籍，长番岁时久。前日放营农，辛苦救衰朽。差科死则已，誓不举家走。今年大作社，拾遗能住否？"叫妇开大瓶，盆中为吾取。感此气扬扬，须知风化首。语多虽杂乱，说尹终在口。朝来偶然出，自卯将及酉。久客惜人情，如何拒邻叟。高声索果栗，欲起时被肘。指挥过无礼，未觉村野丑。月出遮我留，仍嗔问升斗。

这首和前两首不同，前两首是一般写实家通行作法，专写社会黑暗方面，这首却是写社会光明方面，读起来令人感觉乡村生活之优美。那"田父"一种真率气象以及他对于社交之亲切对于国家义务之认真，都一一流露。

写实家所标旗帜，说是专用冷酷客观，不掺杂一丝一毫自己情感，这不过技术上的手段罢了。其实凡写实派大作家都是极热肠的。因为社会的偏枯缺憾，无时不有，无地不有，只要你忠实观察，自然会引起你无穷悲悯。但倘若没有热肠，那么他的冷眼也绝看不到这种地方，便不成为写实家了。杜工部这类写实文学开派以后，继起的便是白香山。香山自己说：

惟歌生民病，……甘受时人嗤。

他自己编定诗集，用诗的性质分类。第一类便是"讽喻"。讽喻类主要作品是十首《秦中吟》和五十首《新乐府》。这六十首诗，可以说完成写实派壁垒，替我们文学史吐出光焰万丈。但他的作风，与纯写实派有点不同，每篇之末，总爱下主观的批评，不过批评是"微而婉"罢了。里头纯客观的只有几首。如：

> 帝城春欲暮，喧喧车马度。共道牡丹时，相随买花去。贵贱无常价，酬直看花数。灼灼百朵红，戋戋五束素。上张幄幕庇，旁织巴篱护。水洒复泥封，移来色如故。家家习为俗，人人迷不悟。有一田舍翁，偶来买花处。低头独长叹，此叹无人喻。一丛深色花，十户中人赋。

> （《秦中吟·买花》）

如：

> 卖炭翁，伐薪烧炭南山中。满面尘灰烟火色，两鬓苍苍十指黑。卖炭得钱何所营？身上衣裳口中食。可怜身上衣正单，心忧炭贱愿天寒。夜来城上一尺雪，晓驾炭车辗冰辙。牛困人饥日已高，市南门外泥中歇。翩翩两骑来是谁？黄衣使者白衫儿。手把文书口称敕，回车叱牛牵向北。一车炭，千余斤，宫使驱将惜不得。半匹红绡一丈绫，系向牛头充炭直。

> （《新乐府·卖炭翁》）

像这类不将批评主意明点出来的，约居全部十分之一，其余都把自己对于这件事情的意见说出。他的《新乐府》自序说：

　　……首句标其目，卒章显其志，三百篇之意也。其
辞质而径，欲见之者易喻也。其言直而切，欲闻之者深
诚也。其事覈而实，使采之者传信也。……

　　他并不是为诗而作诗。他替那些穷苦的人们提起公诉，他向
那些作恶的人们宣说福音。所以他不采那种藏锋含蓄的态度，将
主观的话也写出来。但是以作风论，我们还认他是写实派，因为
他对于客观写得极忠实、极详尽。

　　写实派固然注重在写人事的实况，但也要写环境的实况，因
为环境能把人事烘托出来。写环境实况的模范作品，如鲍明远
《芜城赋》中一段：

　　泽葵依井，荒葛胃涂。坛罗虺蜮，阶斗麕鼯。木魅
山鬼，野鼠城狐。风嗥雨啸，昏见晨趋。饥鹰厉吻，寒
鸱吓雏。伏虣藏虎，乳血餐肤。崩榛塞路，峥嵘古馗。
白杨早落，塞草前衰。棱棱霜气，蔌蔌风威。孤蓬自
振，惊沙坐飞。灌莽杳而无际，丛薄纷其相依。通池既
已夷，峻隅又已頹。直视千里外，唯见起黄埃。凝思寂
听，心伤已摧。

　　所写全是客观现象，然而读起来自然会令情感涌出。妙处全
在铺叙得淋漓透彻。学写实派的不可不知。

　　　　　　1922 年 3 月 25 日完稿，清华学校文学社讲演稿

情圣杜甫

一

今日承诗学研究会嘱托讲演，可惜我文学素养很浅薄，不能有什么新贡献，只好把咱们家里老古董搬出来和诸君摩挲一番，题目是"情圣杜甫"。在讲演本题以前，有两段话应该简单说明：

第一，新事物固然可爱，老古董也不可轻轻抹杀。内中艺术的古董，尤为有特殊价值。因为艺术是情感的表现，情感是不受进化法则支配的。不能说现代人的情感一定比古人优美，所以不能说现代人的艺术一定比古人进步。

第二，用文字表出来的艺术——如诗词、歌剧、小说等类，多少总含有几分国民的性质。因为现在人类语言未能统一，无论何国的作家，总须用本国语言文字作工具。这副工具操练得不纯熟，纵然有很丰富高妙的思想，也不能成为艺术的表现。

我根据这两种理由，希望现代研究文学的青年，对于本国二千年来的名家作品，着实费一番工夫去赏会它。那么，杜工部自然是首屈一指的人物了。

二

杜工部被后人上他徽号叫作"诗圣"。诗怎么样才算"圣"？标准很难确定，我们也不必轻轻附和。我以为工部最少可以当得起情圣的徽号。因为他的情感的内容，是极丰富的，极真实的，极深刻的。他表情的方法又极熟练，能鞭辟到最深处，能将它全部完全反映不走样子，能像电气一般一振一荡地打到别人的心弦上。中国文学界写情圣手，没有人比得上他，所以我叫他作情圣。

我们研究杜工部，先要把他所生的时代和他的一生经历略叙梗概，看出他整个的人格。两晋六朝几百年间，可以说是中国民族混成时代。中原被异族侵入，掺杂许多新民族的血。江南则因中原旧家次第迁渡，把原住民的文化提高了。当时文艺上南北派的痕迹显然，北派真率悲壮，南派整齐柔婉。在古乐府里头，最可以看出这分野。唐朝民族化合作用，经过完成了，政治上统一，影响及于文艺，自然会把两派特性合冶一炉，形成大民族的新美。初唐是黎明时代，盛唐正是成熟时代。内中玄宗开元间四十年太平，正孕育出中国艺术史上黄金时代。到天宝之乱，黄金忽变为黑灰。时事变迁之剧，未有其比。当时蕴蓄深厚的文学界，受了这种刺激，益发波澜壮阔。杜工部正是这个时代的骄儿。他是河南人，生当玄宗开元之初。早年漫游四方，大河以北都有他足迹，同时大文学家李太白、高达夫都是他的挚友。中年值安禄山之乱，从贼中逃出，跑到甘肃的灵武谒见肃宗，补了个"拾遗"的官。不久告假回家，又碰着饥荒，在陕西的同谷县几

乎饿死。后来流落到四川，依一位故人严武。严武死后，四川又
乱，他避难到湖南，在路上死了。他有两位兄弟、一位妹子，都
因乱离难得见面。他和他的夫人也常常隔离，他一个小儿子，因
饥荒饿死，两个大儿子，晚年跟着他在四川。他一生简单的经历
大略如此。

他是一位极热肠的人，又是一位极有脾气的人。从小便心高
气傲，不肯趋承人。他的诗道：

> 以兹悟生理，独耻事干谒。
>
> （《奉先咏怀》）

又说：

> 白鸥没浩荡，万里谁能驯。
>
> （《赠韦左丞》）

可以见他的气概。严武做四川节度，他当无家可归的时候去
投奔他，然而一点不肯趋承将就。相传有好几回冲撞严武，几乎
严武容他不下哩。他集中有一首诗，可以当他人格的象征：

> 绝代有佳人，幽居在空谷。自言良家子，零落依草
> 木。……在山泉水清，出山泉水浊。侍婢卖珠回，牵萝
> 补茅屋。摘花不插鬓，采柏动盈掬。天寒翠袖薄，日暮
> 倚修竹。
>
> （《佳人》）

这位佳人，身份是非常名贵的，境遇是非常可怜的，情绪是非常温厚的，性格是非常高抗的。这便是他本人自己的写照。

<h1 style="text-align:center">三</h1>

他是个最富于同情心的人。他有两句诗：

> 穷年忧黎元，叹息肠内热。
>
> 　　　　　　　　　　　　　《奉先咏怀》

这不是瞎吹的话，在他的作品中，到处可以证明。这首诗底下便有两段说：

> 彤庭所分帛，本自寒女出。鞭挞其夫家，聚敛贡
> 城阙。
>
> 　　　　　　　　　　　　　《奉先咏怀》

又说：

> 况闻内金盘，尽在卫霍室。中堂舞神仙，烟雾散玉
> 质。暖客貂鼠裘，悲管逐清瑟。劝客驼蹄羹，霜橙压香
> 橘。朱门酒肉臭，路有冻死骨。……
>
> 　　　　　　　　　　　　　《奉先咏怀》

这种诗几乎纯是现代社会党的口吻。他作这诗的时候，正是唐朝黄金时代，全国人正在被镜里雾里的太平景象醉倒了。这种景象映到他的跟中，却有无限悲哀。

他的眼光，常常注视到社会最下层。这一层的可怜人那些状况，别人看不出，他都看出。他们的情绪，别人传不出，他都传出。他著名的作品《三吏》《三别》，便是那时代社会状况最真实的影戏片。《垂老别》的：

> 老妻卧路啼，岁暮衣裳单。孰知是死别，且复伤其寒。此去必不归，还闻劝加餐。

《新安吏》的：

> 肥男有母送，瘦男独伶俜。白水暮东流，青山犹哭声。莫自使眼枯，收汝泪纵横。眼枯即见骨，天地终无情。

《石壕吏》的：

> 三男邺城戍。一男附书至，二男新战死。存者且偷生，死者长已矣。

这些诗是要作者的精神和那所写之人的精神并合为一，才能做出。他所写的是否为他亲闻亲见的事实，抑或他脑中创造的影像，且不管它。总之他作这首《垂老别》时，他已经化身作那位六七十岁拖去当兵的老头子。作这首《石壕吏》时，他已经化身作那位儿女死绝衣食不给的老太婆。所以他说的话，完全和他们自己说一样。

他还有《戏呈吴郎》一首七律，那上半首是：

> 堂前扑枣任西邻，无食无儿一妇人。不为家贫宁有此，只缘恐惧转须亲。……

这首诗，以诗论，并没什么好处，但叙当时一件琐碎实事——一位很可怜的邻舍妇人偷他的枣子吃，因那人的惶恐，把作者的同情心引起了。这也是他注意下层社会的证据。

有一首《缚鸡行》，表出他对于生物的泛爱，而且很含些哲理：

> 小奴缚鸡向市卖，鸡被缚急相喧争。家人厌鸡食虫蚁，未知鸡卖还遭烹。虫鸡于人何厚薄，吾叱奴人解其缚。鸡虫得失无时了，注目寒江倚山阁。

有一首《茅屋为秋风所破歌》，结尾几句说道：

> ……安得广厦千万间，大庇天下寒士俱欢颜。风雨不动安如山。呜呼！何时眼前突兀见此屋，吾庐独破受冻死亦足。

有人批评他是名士说大话。但据我看来，此老确有这种胸襟。因为他对于下层社会的痛苦看得真切，所以常把他们的痛苦当作自己的痛苦。

四

他对于一般人如此多情，对于自己有关系的人更不待说了。我们试看他对朋友，那位因陷贼贬做台州司户的郑虔，他有诗送他道：

> ……便与先生应永诀，九重泉路尽交期。

又有诗怀他道：

> 天台隔三江，风浪无晨暮。郑公纵得归，老病不识路。……
>
> （《有怀台州郑十八司户》）

那位因附永王璘造反长流夜郎的李白，他有诗梦他道：

> 死别已吞声，生别常恻恻。江南瘴疠地，逐客无消息。故人入我梦，明我长相忆。恐非平生魂，路远不可测。魂来枫林青，魂返关塞黑。君今在罗网，何以有羽翼。落月满屋梁，犹疑照颜色。水深波浪阔，毋使蛟龙得。
>
> （《梦李白》二首之一）

这些诗不是寻常应酬话，他实在拿郑、李等人当一个朋友，对于他们的境遇，所感痛苦和自己亲受一样，所以作出来的诗句句都带血带泪。

他集中想念他兄弟和妹子的诗，前后有二十来首，处处至性流露。最沉痛的如《同谷七歌》中：

> 有弟有弟在远方，三人各瘦何人强。生别展转不相见，胡尘暗天道路长。前飞䴏鹅后鹜鸧，安得送我置汝旁。呜呼！三歌兮歌三发，汝归何处收兄骨。
>
> 有妹有妹在钟离，良人早没诸孤痴。长淮浪高蛟龙怒，十年不见来何时。扁舟欲往箭满眼，杳杳南国多旌旗。呜呼！四歌兮歌四奏，林猿为我啼清昼。

他自己直系的小家庭，光景是很困苦的，爱情却是很浓挚的。他早年有一首思家诗：

> 今夜鄜州月，闺中只独看。遥怜小儿女，未解忆长安。香雾云鬟湿，清辉玉臂寒。何时倚虚幌，双照泪痕干。
>
> （《月夜》）

这种缘情旖旎之作，在集中很少见，但这一首已可证明工部是一位温柔细腻的人。他到中年以后，遭值多难，家属离合，经过不少的酸苦。乱前他回家一次，小的儿子饿死了。他的诗道：

……老妻寄异县，十口隔风雪。谁能久不顾，庶往共饥渴。入门闻号咷，幼子饿已卒。吾宁舍一哀，里巷亦呜咽。所愧为人父，无食致夭折。……

（《奉先咏怀》）

乱后和家族隔绝，有一首诗：

去年潼关破，妻子隔绝久。……自寄一封书，今已十月后。反畏消息来，寸心亦何有。……

（《述怀》）

其后从贼中逃归，得和家族团聚。他有好几首诗写那时候的光景，《羌村》三首中的第一首：

峥嵘赤云西，日脚下平地。柴门鸟雀噪，归客千里至。妻孥怪我在，惊定还拭泪。世乱遭飘荡，生还偶然遂。邻人满墙头，感叹亦欷歔。夜阑更秉烛，相对如梦寐。

《北征》里头的一段：

况我堕胡尘，及归尽华发。经年至茅屋，妻子衣百结。恸哭松声回，悲泉共呜咽。平生所娇儿，颜色白胜雪。见耶背面啼，垢腻脚不袜。床前两小女，补绽才过膝。海图坼波涛，旧绣移曲折。天吴及紫凤，颠倒在裋褐。老夫情怀恶，呕咽卧数日。那无囊中帛，救汝寒凛慄。粉黛亦解苞，衾裯稍罗列。瘦妻面复光，痴女头自栉。学母无不为，晓妆随手抹。移时施朱铅，狼藉画眉阔。生还对童稚，似欲忘饥渴。问事竞挽须，谁能即嗔喝。翻思在贼愁，甘受杂乱聒。

其后挈眷避乱，路上很苦。他有诗追叙那时情况道：

> 忆昔避贼初，北走经险艰。夜深彭衙道，月照白水山。尽室久徒步，逢人多厚颜。……痴女饥咬我，啼畏虎狼闻。怀中掩其口，反侧声愈嗔。小儿强解事，故索苦李餐。一旬半雷雨，泥泞相牵攀。……

（《彭衙行》）

他合家避乱到同谷县山中，又遇着饥荒，靠草根木皮活命，在他困苦的全生涯中，当以这时候为最甚。他的诗说：

> 长镵长镵白木柄，我生托子以为命。黄独无苗山雪盛，短衣数挽不掩胫。此时与子空归来，男呻女吟四壁静。……

（《同谷七歌》之二）

以上所举各诗写他自己家庭状况，我替它起个名字叫作"半写实派"。他处处把自己主观的情感暴露，原不算写实派的作法。但如《羌村》《北征》等篇，多用第三者客观的资格，描写所观察得来的环境和别人情感，从极琐碎的断片详密刻画，确是近世写实派用的方法，所以可叫作半写实。这种作法，在中国文学界上，虽不敢说是杜工部首创，却可以说是杜工部用得最多而最妙。从前古乐府里头，虽然有些，但不如工部之描写之微。这类诗的好处，在真事愈写得详，真情愈发得透。我们熟读它，可以理会得"真即是美"的道理。

五

杜工部的"忠君爱国"，前人恭维他的很多，不用我再添话。他集中对于时事痛哭流涕的作品，差不多占四分之一，若把它分类研究起来，不惟在文学上有价值，而且在史料上有绝大价值。为时间所限，恕我不征引了。内中价值最大者，在能确实描写出社会状况，及能确实讴吟出时代心理。刚才举出半写实派的几首诗，是集中最通用的作法，此外还有许多是纯写实的。试举它几首：

> 献凯日继踵，两蕃静无虞。渔阳豪侠地，击鼓吹
> 笙竽。云帆转辽海，粳稻来东吴。越裳与楚练，照耀舆
> 台躯。主将位益崇，气骄凌上都。边人不敢议，议者死
> 路衢。
>
> （《后出塞》五首之四）

读这些诗，令人立刻联想到现在军阀的豪奢专横——尤其逼肖奉直战争前张作霖的状况。最妙处是不着一个字批评，但把客

观事实直写，自然会令读者叹气或瞪眼。又如《丽人行》那首七古，全首将近二百字的长篇，完全立在第三者地位观察事实。从"三月三日天气新"到"青鸟飞去衔红巾"，占全首二十六句中之二十四句，只是极力铺叙那种豪奢热闹情状，不惟字面上没有讥刺痕迹，连骨子里头也没有。直至结尾两句：

炙手可热势绝伦，慎莫近前丞相嗔。

算是把主意一逗。但依然不着议论，完全让读者自去批评。这种可以说讽刺文学中之最高技术。因为人类对于某种社会现象之批评，自有共同心理，作家只要把那现象写得真切，自然会使读者心理起反应，若把读者心中要说的话，作者先替他倾吐无余，那便索然寡味了。杜工部这类诗，比白香山《新乐府》高一筹，所争就在此。《石壕吏》《垂老别》诸篇，所用技术，都是此类。

工部的写实诗，十有九属于讽刺类。不独工部为然，近代欧洲写实文学，哪一家不是专写社会黑暗方面呢？但杜集中用写实法写社会优美方面的亦不是没有。如《遭田父泥饮》那篇：

步屧随春风，村村自花柳。田翁逼社日，邀我尝春酒。酒酣夸新尹，畜眼未见有。回头指大男，"渠是弓弩手。名在飞骑籍，长番岁时久。前日放营农，辛苦救衰朽。差科死则已，誓不举家走。今年大作社，拾遗能住否？"叫妇开大瓶，盆中为吾取。……高声索果栗，欲起时被肘。指挥过无礼，未觉村野丑。月出遮我留，仍嗔问升斗。

这首诗把乡下老百姓极粹美的真性情，一齐活现。你看他父子夫妇间何等亲热，对于国家的义务心何等郑重，对于社交，何等爽快何等恳切。我们若把这首诗当个画题，可以把篇中各人的心理从面孔上传出，便成了一幅绝好的风俗画。我们须知道，杜集中关于时事的诗，以这类为最上乘。

六

工部写情，能将许多性质不同的情绪，归拢在一篇中，而得调和之美。例如《北征》篇，大体算是忧时之作。然而"青云动高兴，幽事亦可悦"以下一段，纯是玩赏天然之美。"夜深经战场，寒月照白骨"以下一段，凭吊往事。"况我堕胡尘"以下一大段，纯写家庭实况，忽然而悲，忽然而喜。"至尊尚蒙尘"以下一段，正面感慨时事，一面盼望内乱速平，一面又忧虑到凭借回鹘外力的危险。"忆昨狼狈初"以下到篇末，把过去的事实，一齐涌到心上。像这许多杂乱情绪并在一篇，调和得恰可，非有绝大力量不能。

工部写情，往往愈拗愈紧，愈转愈深，像《哀王孙》那篇，几乎一句一意，试将现行新符号去点读它，差不多每句都须用"。"符或"；"符。他的情感，像一堆乱石，突兀在胸中，断断续续地吐出，从无条理中见条理，真极文章之能事。

工部写情，有时又淋漓尽致一口气说出，如八股家评语所谓"大开大合"。这种类不以曲折见长，然亦能极其美。集中模范的作品，如《忆昔行》第二首，从"忆昔开元全盛日"起到"叔孙礼乐萧何律"止，极力追述从前太平景象，从社会道德上赞美，令意义格外深厚。自"岂闻一缣直万钱"到"复恐初从乱离说"，翻过来说现在乱离景象，两两比对，令读者胆战肉跃。

工部还有一种特别技能，几乎可以说别人学不到。他最能用极简的语句，包括无限情绪，写得极深刻。如《喜达行在所》三首中第三首的头两句：

> 死去凭谁报，归来始自怜。

仅仅十个字，把十个月内虎口余生的甜酸苦辣都写出来，这是何等魄力。又如前文所引《述怀》篇的：

> 反畏消息来。

五个字，写乱离中担心家中情状，真是惊心动魄。又《垂老别》里头：

> 势异邺城下，纵死时犹宽。

死是早已安排定了，只好拿期限长些作安慰（原文是写老妻送行时语），这是何等沉痛。又如前文所引的：

> 郑公纵得归，老病不识路。

明明知道他绝对不得归了，让一步虽得归，已经万事不堪回首。此外如：

　　带甲满天地，胡为君远行。

（《送远》）

　　万方同一概，吾道竟何之。

（《秦州杂诗》）

　　国破山河在，城春草木深。

（《春望》）

　　亲朋无一字，老病有孤舟。

（《登岳阳楼》）

　　古往今来皆涕泪，断肠分手各风烟。

（《公安送韦二少府》）

之类，都是用极少的字表极复杂极深刻的情绪。他是用洗练功夫用得极到家，所以说："语不惊人死不休。"此其所以为文学家的文学。

悲哀愁闷的情感易写，欢喜的情感难写。古今作家中，能将喜情写得逼真的，除却杜集《闻官军收河南河北》外，怕没有第二首。那诗道：

　　剑外忽闻收蓟北，初闻涕泪满衣裳。却看妻子愁何

在，漫卷诗书喜欲狂。白日放歌须纵酒，青春结伴好还
乡。即从巴峡穿巫峡，便下襄阳向洛阳。

那种手舞足蹈情形，从心坎上奔进而出，我说它和古乐府的
《公无渡河》是同一样笔法。彼是写忽然剧变的悲情，此是写忽
然剧变的喜情，都是用快光镜照相照得的。

七

工部流连风景的诗比较少，但每有所作，一定于所咏的景物
观察入微，便把那景物作象征，从里头印出情绪。如：

> 竹凉侵卧内，野月满庭隅。重露成涓滴，稀星乍
> 有无。暗飞萤自照，水宿鸟相呼。万事干戈里，空悲清
> 夜徂。
>
> （《倦夜》）

题目是"倦夜"，景物从初夜写到中夜后夜，是独自一个人
有心事睡不着疲倦无聊中所看出的光景，所写环境，句句和心理
反应。又如：

> 风急天高猿啸哀，渚清沙白鸟飞回。无边落木萧萧
> 下，不尽长江滚滚来。……
>
> （《登高》）

虽然只是写景，却有一位老病独客秋天登高的人在里头，便不读下文"万里悲秋常作客，百年多病独登台"两句，已经如见其人了。又如：

> 细草微风岸，危樯独夜舟。星垂平野阔，月涌大江流。……
>
> （《旅夜书怀》）

从寂寞的环境上领略出很空阔很自由的趣味。末两句说："飘飘何所似，天地一沙鸥。"把情绪一点便醒。

所以工部的写景诗，多半是把景作表情的工具。像王、孟、韦、柳的写景，固然也离不了情，但不如杜之情的分量多。

八

诗是歌的笑的好呀，还是哭的叫的好？换一句话说，诗的任务在赞美自然之美呀，抑在呼诉人生之苦？再换一句话说，我们应该为作诗而作诗呀，抑或应该为人生问题中某项目的而作诗？这两种主张，各有极强的理由，我们不能作极端的左右袒，也不愿作极端的左右袒。依我所见，人生目的不是单调的，美也不是单调的。为爱美而爱美，也可以说为的是人生目的。因为爱美本来是人生目的的一部分。诉人生苦痛，写人生黑暗，也不能不说是美。因为美的作用，不外令自己或别人起快感。痛楚的刺激，也是快感之一。例如肤痒的人，用手抓到出血，越抓越畅快。像情感怎么热烈的杜工部，他的作品，自然是刺激性极强，近于哭叫人生目的那一路，主张人生艺术观的人，固然要读它。但还要知道，他的哭声，是三板一眼地哭出来，节节含着真美，主张唯美艺术观的人，也非读它不可。我很惭愧，我的艺术素养浅薄，这篇讲演，不能充分发挥"情圣"作品的价值，但我希望这位情圣的精神，和我们的语言文字同其寿命，尤盼望这种精神有一部分注入现代青年文学家的脑里头。

1922 年 5 月 21 日诗学研究会讲演稿

屈原研究

一

中国文学家的老祖宗，必推屈原。从前并不是没有文学，但没有文学的专家。如《三百篇》及其他古籍所传诗歌之类，好的固不少，但大半不得作者主名，而且篇幅也很短。我们读这类作品，顶多不过可以看出时代背景或时代思潮的一部分。欲求表现个性的作品，头一位就要研究屈原。

屈原的历史，在《史记》里头有一篇很长的列传，算是我们研究史料的人可欣慰的事。可惜议论太多，事实仍少。我们最抱歉的，是不能知道屈原生卒年岁和他所享年寿。据传文大略推算，他该是西纪前三三八至二八八年间的人，年寿最短亦应在五十上下。和孟子、庄子、赵武灵王、张仪等人同时。他是楚国贵族。贵族中最盛者昭、屈、景三家，他便是三家中之一。他曾做过"三闾大夫"。据王逸说："三闾之职，掌王族三姓，曰昭、屈、景。屈原序其谱属率其贤良以厉国士。"然则他是当时贵族总管了。他曾经得楚怀王的信用，官至"左徒"。据《本传》说："入则与王图议国事以出号令，出则接遇宾客，应对诸侯，王甚任之。"可见他在政治上曾占很重要的位置，其后被上官大夫所谗，怀王疏了他。怀王在位三十年（西纪前三二八至二九七）。屈原做左徒，不知是哪年的事，但最迟亦在怀王十六年（前三一二）以前。因为那年怀王受了秦相张仪所骗，已经是屈原见疏之后了。假定屈原做左徒在怀王十年前后，那时他的年纪最少亦应二十岁以上，所以他的生年，不能晚于西纪前三三八年。屈原在位的时候，楚国正极强盛。屈原的政策，大概是主张联合六国共摈强秦保持均势。所以虽见疏之后，还做过齐国公使。可惜怀王太没有主意，时而摈秦，时而联秦，任凭纵横家摆弄。卒至"兵挫地削，亡其六郡，身客死于秦，为天下笑"（《本传》文）。怀王死了不到六十年，楚国便亡了。屈原当怀王十六年以后，政治生涯，像已经完全断绝。其后十四年间，大概仍居住郢都（武昌）一带。因为怀王三十年将入秦之时，屈原还力谏，可见他和怀王的关系，仍是藕断丝连了。怀王死后，顷襄王立（前二九八）。屈原的反对党，越发得志，便把他放逐到湖南地方去，后来竟闹到投水自杀。

屈原什么时候死呢？据《卜居》篇说："屈原既放，三年不得复见。"《哀郢》篇说："忽若不信兮，至今九年而不复。"假定认这两篇为顷襄王时作品，则屈原最少当西纪前二八八年仍然生存。他脱离政治生活专做文学生活，大概有二十来年的日月。

屈原所走过的地方有多少呢？他著作中所见的地名如下：

令沅湘兮无波，使江水兮安流。

遭吾道兮洞庭。

望涔阳兮极浦。

遗余佩兮澧浦。

（《湘君》）

洞庭波兮木叶下。

沅有芷兮澧有兰。

遗余褋兮澧浦。

（《湘夫人》）

哀南夷之莫吾知兮，旦余济乎江湘。

乘鄂渚而反顾兮，欸秋冬之绪风。

步余马兮山皋，邸余车兮方林。

乘舲船余上沅兮，齐吴榜以击汰。

船容与而不进兮，淹回水而凝滞。

朝发枉渚兮，夕宿辰阳。

苟余心其端直兮，虽僻远之何伤。

入溆浦余儃佪兮，迷不知吾之所如。深林杳以冥冥兮，乃猿狖之所居。山峻高以蔽日兮，下幽晦以多雨。霰雪纷其无垠兮，云霏霏而承雨。

（《涉江》）

发郢都而去闾兮。

过夏首而西浮兮，顾龙门而不见。

背夏浦而西思兮。

惟郢路之辽远兮，江与夏之不可涉。

（《哀郢》）

长濑湍流，沂江潭兮。狂顾南行，聊以娱心兮。
低徊夷犹宿北姑兮。

（《抽思》）

浩浩沅湘，纷流汩兮。

（《怀沙》）

遵江夏以娱忧。

（《思美人》）

指炎神而直驰兮，吾将往乎南疑。

（《远游》）

路贯庐江兮左长薄。

（《招魂》）

内中说郢都，说江夏，是他原住的地方，洞庭、湘水，自然是放逐后常来往的，都不必多考据。最当注意者，《招魂》说的"路贯庐江兮左长薄"，像江西庐山一带，也曾到过。但《招魂》完全是浪漫的文学，不敢便认为事实。《涉江》一篇，含有纪行的意味，内中说"乘舲船余上沅"，说"朝发枉陼，夕宿辰阳"，可见他曾一直溯着沅水上游，到过辰州等处。他说的"峻高蔽日，霰雪无垠"的山，大概是衡岳最高处了。他的作品中，像"幽独处乎山中""山中人兮芳杜若"，这一类话很多。我想他独自一人在衡山上过活了好些日子。他的文学，谅来就在这个时代大成的。

最奇怪的一件事，屈原家庭状况如何？在《本传》和他的作品中，连影子也看不出。《离骚》有"女媭之婵媛兮，申申其詈余"两语。王逸注说："女媭，屈原姊也。"这话是否对，仍不敢说。就算是真，我们也仅能知道他有一位姐姐，其余兄弟妻子之有无，一概不知。就作品上看来，最少他放逐到湖南以后过的都是独身生活。

二

我们把屈原的身世大略明白了，第二步要研究那时候为什么会发生这种伟大的文学？为什么不发生于别国而独发生于楚国？何以屈原能占这首创的地位？第一个问题，可以比较的简单解答。因为当时文化正涨到最高潮，哲学勃兴，文学也该为平行线的发展。内中如《庄子》《孟子》及《战国策》中所载各人言论，都很含着文学趣味。所以优美的文学出现，在时势为可能的。第二、第三两个问题，关系较为复杂。依我的观察，我们这华夏民族，每经一次同化作用之后，文学界必放异彩。楚国当春秋初年，纯是一种蛮夷。春秋中叶以后，才渐渐地同化为"诸夏"。屈原生在同化完成后约二百五十年。那时候的楚国人，可以说是中华民族里头刚刚长成的新分子，好像社会中才成年的新青年。从前楚国人，本来是最信巫鬼的民族，很含些神秘意识和虚无理想，像小孩子喜欢幻构的童话。到了与中原旧民族之现实的伦理的文化相接触，自然会发生出新东西来。这种新东西之体现者，便是文学。楚国在当时文化史上之地位既已如此。至于屈原呢，他是一位贵族，对于当时新输入之中原文化，自然是充分领会。

他又曾经出使齐国，那时正当"稷下先生"数万人日日高谈宇宙原理的时候，他受的影响，当然不少。他又是有怪脾气的人，常常和社会反抗。后来放逐到南荒，在那种变化诡异的山水里头，过他的幽独生活。特别的自然界和特别的精神作用相激发，自然会产生特别的文学了。

屈原有多少作品呢？《汉书·艺文志·诗赋略》云："屈原赋二十五篇。"据王逸《楚辞章句》所列，则《离骚》一篇，《九歌》十一篇，《天问》一篇，《九章》九篇，《远游》一篇，《卜居》一篇，《渔父》一篇。尚有《大招》一篇。注云："屈原，或言景差。"然细读《大招》，明是模仿《招魂》之作，其非出屈原手，像不必多辩。但别有一问题颇费研究者。《史记·屈原列传》赞云："余读《离骚》《天问》《招魂》《哀郢》，悲其志。"是太史公明明认《招魂》为屈原作，然而王逸说是宋玉作。逸，后汉人，有何凭据，竟敢改易前说？大概他以为添上这一篇，便成二十六篇，与《艺文志》数目不符。他又想这一篇标题，像是屈原死后别人招他的魂，所以硬把它送给宋玉。依我看，《招魂》的理想及文体，和宋玉其他作品很有不同处，应该从太史公之说，归还屈原。然则《艺文志》数目不对吗？又不然。《九歌》末一篇《礼魂》，只有五句，实不成篇。《九歌》本侑神之曲，十篇各侑一神。《礼魂》五句，当是每篇末后所公用，后人传抄贪省，便不逐篇写录，总摆在后头作结。王逸闹不清楚，把它也算成一篇，便不得不把《招魂》挤出了。我所想象若不错，则屈原赋之篇目应如下：

《离骚》一篇

《天问》一篇

《九歌》十篇 《东皇太一》《云中君》《湘君》《湘夫人》《大司命》《少司命》《东君》《河伯》《山鬼》《国殇》

《九章》九篇 《惜诵》《涉江》《哀郢》《抽思》《思美人》《惜往日》《橘颂》《悲回风》《怀沙》

《远游》一篇

《招魂》一篇

《卜居》一篇

《渔父》一篇

今将这二十五篇的性质，大略说明。

（一）《离骚》

据本传，这篇为屈原见疏以后使齐以前所作，当是他最初的作品。起首从家世叙起，好像一篇自传。篇中把他的思想和品格，大概都传出，可算得全部作品的缩影。

（二）《天问》

王逸说："屈原……见楚先王之庙及公卿祠堂图画天地山川神灵琦玮谲诡，及古贤圣怪物行事，……因书其壁，呵而问之。"我想这篇或是未放逐以前所作，因为"先王庙"不应在偏远之地。这篇题裁，纯是对于相传的神话发种种疑问。前半篇关于宇宙开辟的神话所起疑问，后半篇关于历史神话所起疑问。对于万有的现象和理法怀疑烦闷，是屈原文学思想出发点。

（三）《九歌》

王逸说："沅湘之间，其俗信鬼而好祀，其祠必作乐鼓舞以乐诸神。屈原放逐，窜伏其域。……见其词鄙陋，因为作《九歌》之曲，上陈事神之敬，下以见己之冤。"这话大概不错。"九歌"是乐章旧名，不是九篇歌，所以屈原所作有十篇。这十篇含有多方面的趣味，是集中最"浪漫式"的作品。

（四）《九章》

这九篇并非一时所作，大约《惜诵》《思美人》两篇，似是放逐以前作。《哀郢》是初放逐时作。《涉江》是南迁极远时作。《怀沙》是临终作。其余各篇，不可深考。这九篇把作者思想的内容分别表现，是《离骚》的放大。

（五）《远游》

王逸说："屈原履方直之行，不容于世。……章皇山泽，无所告诉。乃深惟元一，修执恬漠。思欲济世，则意中愤然。文采秀发，遂叙妙思。托配仙人，与俱游戏。周历天地，无所不到。然犹怀念楚国，思慕旧故。"我说，《远游》一篇，是屈原宇宙观人生观的全部表现，是当时南方哲学思想之现于文学者。

（六）《招魂》

这篇的考证，前文已经说过。这篇和《远游》的思想，表面上像恰恰相反，其实仍是一贯。这篇讲上下四方，没有一处是安乐土，那么，回头还求现世物质的快乐怎么样呢？好吗？它的思想，正和噶特（歌德）的《浮士达（德）》剧上本一样，《远游》便是那剧的下本。总之这篇是写怀疑的思想历程最恼闷最苦痛处。

（七）《卜居》及《渔父》

《卜居》是说两种矛盾的人生观，《渔父》是表自己意志的抉择，意味甚为明显。

三

研究屈原，应该拿他的自杀作出发点。屈原为什么自杀呢？我说，他是一位有洁癖的人为情而死。他是极诚专虑地爱恋一个人，定要和她结婚。但他却悬着一种理想的条件，必要在这条件之下，才肯委身相事。然而他的恋人老不理会他！不理会他，他便放手，不完结吗？不不！他决然不肯！他对于他的恋人，又爱又憎，越憎越爱。两种矛盾性日日交战，结果拿自己生命去殉那"单相思"的爱情！他的恋人是谁？是那时候的社会。

屈原脑中，含有两种矛盾元素。一种是极高寒的理想，一种是极热烈的感情。《九歌》中《山鬼》一篇，是他用象征笔法描写自己人格。其文如下：

> 若有人兮山之阿，被薜荔兮带女萝。
> 既含睇兮又宜笑，子慕予兮善窈窕。
> 乘赤豹兮从文狸，辛夷车兮结桂旗。被石兰兮带杜
> 衡，折芳馨兮遗所思。

余处幽篁兮终不见天，路险艰兮独后来。

表独立兮山之上，云容容兮而在下。杳冥冥兮羌昼晦，东风飘兮神灵雨。

留灵修兮憺忘归，岁既晏兮孰华予。

采三秀兮于山间，石磊磊兮葛蔓蔓。怨公子兮怅忘归，君思我兮不得闲。

山中人兮芳杜若，饮石泉兮荫松柏。君思我兮然疑作。

雷填填兮雨冥冥，猿啾啾兮狖夜鸣。风飒飒兮木萧萧，思公子兮徒离忧。

我常说，若有美术家要画屈原，把这篇所写那山鬼的精神抽显出来，便成绝作。他独立山上，云雾在脚底下，用石兰、杜若种种芳草庄严自己，真所谓"一生儿爱好是天然"，一点尘都染污他不得。然而他的"心中风雨"，没有一时停息，常常向下界"所思"的人寄他万斛情爱。那人爱他与否，他都不管。他总说"君是思我"，不过"不得闲"罢了，不过"然疑作"罢了。所以他十二时中的意绪，完全在"雷填填雨冥冥，风飒飒木萧萧"里头过去。

他在哲学上有很高超的见解；但他决不肯耽乐幻想，把现实的人生丢弃。他说：

惟天地之无穷兮，哀人生之长勤。往者余弗及兮，来者吾不闻。

（《远游》）

他一面很达观天地的无穷，一面很悲悯人生的长勤，这两种念头，常常在脑里轮转。他自己理想的境界，尽够受用。他说：

> 道可受兮不可传，其小无内兮其大无垠。无滑而魂兮，彼将自然。壹气孔神兮，于中夜存。虚以待之兮，无为之先。庶类以成兮，此德之门。
>
> （《远游》）

这种见解，是道家很精微的所在。他所领略的，不让前辈的老聃和并时的庄周。他曾写那境界道：

> 经营四荒兮，周流六漠。上至列缺兮，降望大壑。下峥嵘而无地兮，上寥廓而无天。视倏忽而无见兮，听惝恍而无闻。超无为以至清兮，与泰初而为邻。
>
> （《远游》）

然则他常住这境界翛然自得，岂不好吗？然而不能。他说：

> 余固知謇謇之为患兮，忍而不能舍也。
>
> （《离骚》）

他对于现实社会，不是看不开，但是舍不得。他的感情极锐敏，别人感不着的苦痛，到他脑筋里，便同电击一般。他说：

> 微霜降而下沦兮，悼芳草之先零。……谁可与玩斯

遗芳兮，晨向风而舒情。……

（《远游》）

又说：

> 惜吾不及见古人兮，吾谁与玩此芳草。

（《思美人》）

一朵好花落去，"干卿甚事"？但在那多情多血的人，心里便不知几多难受。屈原看不过人类社会的痛苦，所以他：

> 长太息以掩涕兮，哀民生之多艰。

（《离骚》）

社会为什么如此痛苦呢？他以为由于人类道德堕落。所以说：

> 时缤纷其变易兮，又何可以淹留。兰芷变而不芳兮，荃蕙化而为茅。何昔日之芳草兮，今直为此萧艾也！岂其有他故兮，莫好修之害也。……固时俗之从流兮，又孰能无变化？览椒兰其若此兮，又况揭车与江蓠？

（《离骚》）

所以他在青年时代便下决心和恶社会奋斗，常怕悠悠忽忽把时光耽误了。他说：

> 汩余若将不及兮，恐年岁之不吾与。朝搴毗之木兰兮，夕揽洲之宿莽。日月忽其不淹兮，春与秋其代序。惟草木之零落兮，恐美人之迟暮。不抚壮而弃秽兮，何不改乎此度也。

（《离骚》）

要和恶社会奋斗，头一件是要自拔于恶社会之外。屈原从小便矫然自异，就从他外面服饰上也可以见出。他说：

> 余幼好此奇服兮，年既老而不衰。带长铗之陆离兮，冠切云之崔巍。被明月兮佩宝璐。世混浊而莫余知兮，吾方高驰而不顾。

（《涉江》）

又说：

> 高余冠之岌岌兮，长余佩之陆离。芳与泽其杂糅兮，惟昭质其犹未亏。

（《离骚》）

《庄子》说："尹文作为华山之冠以自表。"当时思想家做些奇异的服饰以表异于流俗，想是常有的。屈原从小便是这种气概。他既决心反抗社会，便拿性命和它相搏。他说：

> 民生各有所乐兮，余独好修以为常。虽体解吾犹未

变兮，岂余心之可惩。

（《离骚》）

又说：

> 既替余以蕙缠兮，又申之以揽茞。亦余心之所善
> 兮，虽九死其犹未悔。

（《离骚》）

又说：

> 与前世而皆然兮，吾又何怨乎今之人。吾将董道而
> 不豫兮，固将重昏而终身。

（《涉江》）

他从发心之日起，便有绝大觉悟，知道这件事不是容易。他赌咒和恶社会奋斗到底，他果然能实践其言，始终未尝丝毫让步。但恶社会势力太大，他到了"最后一粒子弹"的时候，只好洁身自杀。我记得在罗马美术馆中曾看见一尊额尔达治武士石雕遗像，据说这人是额尔达治国几百万人中最后死的一个人，眼眶承泪，颊唇微笑，右手一剑自刺左肋。屈原沉汨罗，就是这种心事了。

四

余既滋兰之九畹兮，又树蕙之百亩。畦留夷以揭

车兮，杂杜蘅与芳芷。冀枝叶之峻茂兮，愿俟时乎吾将

刈。虽萎绝其亦何伤兮，哀众芳之芜秽。

（《离骚》）

这是屈原追叙少年怀抱。他原定计划，是要多培植些同志出
来，协力改革社会。到后来失败了。一个人失败有什么要紧，最
可哀的是从前满心希望的人，看着堕落下去。所谓"众芳芜秽"，
就是"昔日芳草今为萧艾"，这是屈原最痛心的事。

他想改革社会，最初从政治入手。因为他本是贵族，与国
家同休戚，又曾得怀王的信任，自然是可以有为。他所以"奔
走先后"与闻国事，无非欲他的君王能够"及前王之踵武（《离
骚》）"，无奈怀王太不是材料。

初既与余成言兮，后悔遁而有他。余既不难夫离别

兮，伤灵修之数化。

（《离骚》）

昔君与我诚言兮，曰黄昏以为期。羌中道而回畔

兮，反既有此他志。

（《抽思》）

他和怀王的关系，就像相爱的人已经定了婚约，忽然变卦。
所以他说：

心不同兮媒劳，恩不甚兮轻绝。……交不忠兮怨长，

期不信兮告余以不闲。

（《湘君》）

他对于这一番经历，很是痛心，作品中常常感慨。内中最缠绵沉痛的一段是：

> 吾谊先君而后身兮，羌众人之所仇。专惟君而无他兮，又众兆之所雠。壹心而不豫兮，羌不可保也。疾亲君而无他兮，有招祸之道也。思君其莫我忠兮，忽忘身之贱贫。事君而不贰兮，迷不知宠之门。忠何罪以遇罚兮，亦非余心之所志。行不群以颠越兮，又众兆之所咍……

（《惜诵》）

他年少时志盛气锐，以为天下事可以凭我的心力立刻做成，不料才出头便遭大打击。他曾写自己心理的经过，说道：

> 昔余梦登天兮，魂中道而无杭。吾使厉神占之兮，曰有志极而无旁。……吾闻作忠以造怨兮，忽谓之过言。九折臂而成医兮，吾至今而知其信然。

（《惜诵》）

他受了这一回教训，烦闷之极。但他的热血，常常保持沸度，再不肯冷下去。于是他发出极沉挚的悲音。说道：

> 闺中既已邃远兮，哲王又不寤。怀朕情而不发兮，

余焉能忍与此终古。

（《离骚》）

似屈原的才气，倘肯稍为迁就社会一下，发展的余地正多。他未尝不盘算及此，他托为他姐姐劝他的话，说道：

> 女媭之婵媛兮，申申其詈余。曰："鲧婞直以亡身兮，终然夭乎羽之野。汝何博謇而好修兮，纷独有此姱节。薋菉葹以盈室兮，判独离而不服。众不可户说兮，孰云察余之中情。世并举而好朋兮，夫何茕独而不予听？"……

（《离骚》）

又托为渔父劝他的话，说道：

> 夫圣人者，不凝滞于物，而能与世推移。举世皆浊，何不随其流而扬其波？众人皆醉，何不餔其糟而啜其醨？

（《渔父》）

他自己亦曾屡屡反劝自己，说道：

> 惩于羹者而吹齑兮，何不变此志也？欲释阶而登天兮，犹有曩之态也。

（《惜诵》）

说是如此，他肯吗？不不！他断然排斥"迁就主义"。他说：

> 刓方以为圆兮，常度未替。易初本迪兮，君子所
> 鄙。……玄文处幽兮，矇瞍谓之不章。离娄微睇兮，瞽
> 以为无明。……邑犬群吠兮，吠所怪也。非俊疑杰兮，
> 固庸态也。
>
> （《怀沙》）

他认定真理正义，和流俗人不相容，受他们压迫，乃是当然
的。自己最要紧是立定脚跟，寸步不移。他说：

> 嗟尔幼志，有以异兮。独立不迁，岂不可喜兮。深
> 固难徙，廓其无求兮。苏世独立，横而不流兮。
>
> （《橘颂》）

他根据这"独立不迁"主义，来定自己的立场，所以说：

> 固时俗之工巧兮，偭规矩而改错。背绳墨以追曲
> 兮，竞周容以为度。忳郁邑余侘傺兮，吾独穷困乎此时
> 也。宁溘死以流亡兮，余不忍为此态也。鸷鸟之不群
> 兮，自前世而固然。何方圆之能周兮，夫孰异道而相
> 安。屈心而抑志兮，忍尤而攘垢。伏清白以死直兮，固
> 前圣之所厚。
>
> （《离骚》）

易卜生最喜欢讲的一句话：All or nothing（要整个不然宁可什么也没有）。屈原正是这种见解。"异道相安"，他认为和方圆相周一样，是绝对不可能的事。中国人爱讲调和，屈原不然，他只有极端。"我决定要打胜他们，打不胜我就死"，这是屈原人格的立脚点。他说也是如此说，做也是如此做。

五

不肯迁就，那么，丢开吧，怎么样呢？这一点，正是屈原心中常常交战的题目。丢开有两种：一是丢开楚国，二是丢开现社会。丢开楚国的商榷，所谓：

> 思九州之博大兮，岂惟是其有女。……
> 何所独无芳草兮，尔何怀乎故宇。
>
> （《离骚》）

这种话就是后来贾谊吊屈原说的"历九州而相君兮，何必怀此都也"。屈原对这种商榷怎么呢？他以为举世浑浊，到处都是一样。他说：

> 溘吾游此春宫兮，折琼枝以继佩。及荣华之未落兮，相下女之可诒。
> 吾令丰隆乘云兮，求宓妃之所在。解佩纕以结言兮，吾令蹇修以为理。纷总总其离合兮，忽纬繣其难迁。……望瑶台之偃蹇兮，见有娀之佚女。吾令鸩

为媒兮，鸩告余以不好。雄鸩之鸣逝兮，余犹恶其
佻巧。……

及少康之未家兮，留有虞之二姚。理弱而媒拙兮，
恐导言之固。时浑浊而嫉贤兮，好蔽美而称恶。……

（《离骚》）

这些话怎么解呢？对于这一位意中人，已经演了失恋的
痛史了，再换别人，只怕也是一样。宓妃吗？纬缅难迁。有娀
吗？不好，佻巧。二姚吗？导言不固。总结一句，就是旧戏本
说的笑话："我想平儿，平儿老不想我。"怎么样她才会想我
呢？除非我变个样子。然而我到底不肯。所以任凭你走遍天涯
地角，终究找不着一个可意的人来结婚。于是他发出绝望的悲
调，说：

忽反顾以流涕兮，哀高丘之无女。

（《离骚》）

他理想的女人，简直没有。那么，他非在独身生活里头甘心
终老不可了。

举世浑浊的感想，《招魂》上半篇表示得最明白。所谓：

魂兮归来，东方不可以托些。……魂兮归来，南方
不可以止些。……魂兮归来，西方之害流沙千里些。……
魂兮归来，北方不可以止些。……魂兮归来，君无上天
些。……魂兮归来，君无下此幽都些。……

似此"上下四方多贼奸"，有哪一处可以说是比"故宇"强些呢？所以丢开楚国，全是不彻底的理论，不能成立。

丢开现社会，确是彻底的办法。屈原同时的庄周，就是这样。屈原也常常打这个主意。他说：

> 悲时俗之迫阨兮，愿轻举以远游。
>
> （《远游》）

他被现社会迫阨不过，常常要和它脱离关系宣告独立。而且实际上他的神识，亦往往靠这一条路得些安慰。他作品中表现这种理想者最多。如：

> 驾青虬兮骖白螭，吾与重华游兮瑶之圃。登昆仑兮食玉英。与天地兮同寿，与日月兮同光。
>
> （《涉江》）

> 与女游兮九河，冲风起兮水扬波。乘水车兮荷盖，驾两龙兮骖螭。登昆仑兮四望，心飞扬兮浩荡。
>
> （《河伯》）

> 春秋忽其不淹兮，奚久留此故居。轩辕不可攀援兮，吾将从王乔而游戏。餐六气而饮沆瀣兮，漱正阳而含朝霞。保神明之清澄兮，精气入而粗秽除。顺凯风以从游兮，至南巢而一息。见王子而宿之兮，审壹气之和德。
>
> （《远游》）

穆眇眇之无垠兮，莽芒芒之无仪。声有隐而相感兮，物有纯而不可为。藐蔓蔓之不可量兮，缥绵绵之不可纡。……上高岩之峭岸兮，处雌蜺之标颠。据青冥而攄虹兮，遂倏忽而扪天。……

（《悲回风》）

遭吾道夫昆仑兮，路修远以周流。扬云霓之晻蔼兮，鸣玉鸾之啾啾。朝发轫于天津兮，夕余至乎西极。凤凰翼其承旂兮，高翱翔之翼翼。忽吾行此流沙兮，遵赤水而容与。麾蛟龙使梁津兮，诏西皇使涉余。……屯余车其千乘兮，齐玉轪而并驰。驾八龙之婉婉兮，载云旗之委蛇。抑志而弭节兮，神高驰之邈邈。奏九歌而舞韶兮，聊假日以媮乐。

（《离骚》）

诸如此类，所写都是超现实的境界，都是从宗教的或哲学的想象力构造出来。倘使屈原肯往这方面专做他的精神生活，他的日子原可以过得很舒服。然而不能。他在《远游》篇，正在说"绝氛埃而淑尤兮，终不反其故都"，底下忽然接着道：

恐天时之代序兮，耀灵晔而西征。微霜降而下沦兮，悼芳草之先零。

他在《离骚》篇，正在说"假日媮乐"，底下忽然接着道：

> 陟升皇之赫戏兮，忽临睨夫旧乡。仆夫悲余马怀
> 兮，蜷局顾而不行。

乃至如《招魂》篇把物质上娱乐敷陈了一大堆，煞尾却说道：

> 皋兰被径兮斯路渐，湛湛江水兮上有枫。目极千里
> 兮伤春心，魂兮归来哀江南。

屈原是情感的化身，他对于社会的同情心，常常到沸度。看见众生苦痛，便和身受一般。这种感觉，任凭用多大力量的麻药也麻他不下。正所谓"此情无计可消除，才下眉头，却上心头"。说丢开吗？如何能够呢？他自己说：

> 登高吾不说兮，入下吾不能。
>
> （《思美人》）

这两句真是把自己心的状态，全盘揭出。超现实的生活不愿做，一般人的凡下现实生活又做不来，他的路于是乎穷了。

六

对于社会的同情心既如此其富，同情心刺激最烈者，当然是祖国，所以放逐不归，是他最难过的一件事。他写初去国时的情绪道：

发郢都而去闾兮，怊荒忽之焉极。楫齐扬以容与兮，哀见君而不再得。望长楸而太息兮，涕淫淫其若霰。过夏首而西浮兮，顾龙门而不见。……将运舟而下浮兮，上洞庭而下江。去终古之所居兮，今逍遥而来东。羌灵魂之欲归兮，何须臾而忘返。背夏浦而西思兮，哀故都之日远。

（《哀郢》）

望孟夏之短夜兮，何晦明之若岁。惟郢路之辽远兮，魂一夕而九逝。曾不知路之曲直兮，南指月与列星。愿径逝而不得兮，魂识路之营营。

（《抽思》）

内中最沉痛的是：

曼余目以流观兮，冀一反之何时。鸟飞返故居兮，狐死必首丘。信非余罪而放逐兮，何日夜而忘之。

（《哀郢》）

这等作品，真所谓"一声何满子，双泪落君前"。任凭是铁石人，读了怕都不能不感动哩！

他在湖南过的生活，《涉江》篇中描写一部分如下：

乘舲船余上沅兮，齐吴榜以击汰。船容与而不进兮，淹回水而凝滞。朝发枉渚兮，夕宿辰阳。苟余心其

端直兮，虽僻远之何伤。入溆浦余儃徊兮，迷不知吾
所如。深林杳以冥冥兮，乃猿狖之所居。山峻高以蔽日
兮，下幽晦以多雨。霰雪纷其无垠兮，云霏霏而承宇。
哀吾生之无乐兮，幽独处乎山中。吾不能变心而从俗
兮，固将愁苦而终穷。

大概他在这种阴惨岑寂的自然界中过那非社会的生活，经了
许多年。像他这富于社会性的人，如何能受？他在那里：

退静默而莫余知兮，进号呼又莫吾闻。

（《惜诵》）

他和恶社会这场血战，真已到矢尽援绝的地步。肯降服吗？
到底不肯。他把他的洁癖坚持到底，说道：

妄能以身之察察，受物之汶汶者乎？宁赴湘流，葬
于江鱼腹中。又安能以皓皓之白，而蒙世俗之尘埃乎？

（《渔父》）

他是有精神生活的人，看着这臭皮囊，原不算什么一回事。
他最后觉悟到他可以死而且不能不死，他便从容死去。临死时的
绝作说道：

人生有命兮，各有所错兮。定心广志，余何畏惧
兮。曾伤爰哀，永叹喟兮。世浑不吾知，人心不可谓兮。

知死不可让兮，愿勿爱兮，明告君子，吾将以为类兮。

（《怀沙》）

西方的道德论，说凡自杀皆怯懦。依我们看，犯罪的自杀是怯懦，义务的自杀是光荣。匹夫匹妇自经沟渎的行为，我们诚然不必推奖他。至于"志士不忘在沟壑，勇士不忘丧其元"，这有什么见不得人之处？屈原说的"定心广志何畏惧""知死不可让愿勿爱"，这是怯懦的人所能做到吗？

《九歌》中有赞美战死的武士一篇，说道：

> ……出不入兮往不反，平原忽兮路迢远。带长剑兮挟秦弓，首虽离兮心不惩。诚既勇兮又以武，终刚强兮不可陵。身既死兮神以灵，子魂魄兮为鬼雄。

（《国殇》）

这虽属侑神之词，实亦写他自己的魄力和身份。我们这位文学老祖宗留下二十多篇名著，给我们民族偌大一份遗产，他的责任算完全尽了。末后加上这汨罗一跳，把他的作品添出几倍权威，成就万劫不磨的生命，永远和我们相摩相荡。呵呵！"诚既勇兮又以武，终刚强兮不可陵。"呵呵！屈原不死！屈原惟自杀故，越发不死！

七

以上所讲，专从屈原作品里头体现出他的人格，我对于屈原的主要研究，算是结束了。最后对于他的文学技术，应该附论几句。

屈原以前的文学，我们看得着的只有《诗经》三百篇。《三百篇》好的作品，都是写实感。实感自然是文学主要的生命，但文学还有第二个生命，曰想象力。从想象力中活跳出实感来，才算极文学之能事。就这一点论，屈原在文学史上的地位，不特前无古人，截到今日止，仍是后无来者。因为屈原以后的作品，在散文或小说里头，想象力比屈原优胜的或者还有，在韵文里头，我敢说还没有人比得上他。

他作品中最表现想象力者，莫如《天问》《招魂》《远游》三篇。《远游》的文句，前头多已征引，今不再说。《天问》纯是神话文学，把宇宙万有，都赋予它一种神秘性，活像希腊人思想。《招魂》前半篇，说了无数半神半人的奇情异俗，令人目摇魄荡；后半篇说人世间的快乐，也是一件一件从他脑子里幻构出来。至如《离骚》，什么灵氛，什么巫咸，什么丰隆、望舒、蹇修、飞廉、雷师，这些鬼神，都拉来对面谈话，或指派差事。什么宓妃，什么有娀佚女，什么有虞二姚，都和他商量爱情。凤凰、鸩、鸠、鹥鹆，都听他使唤，或者和他答话。虬、龙、虹霓、鸾，或是替他拉车，或是替他打伞，或是替他搭桥。兰、茝、桂、椒、荷、芙蓉……无数芳草，都做了他的服饰。昆仑、县圃、咸池、扶桑、苍梧、崦嵫、阊阖、阆风、穷石、洧盘、天津、赤水、不周……种种地名或建筑物，都是他脑海里头的国土。又如《九歌》十篇，每篇写一神，便把这神的身份和意识都写出来。想象力丰富瑰伟到这样，何止中国，在世界文学作品中，除了但丁《神曲》外，恐怕还没有几家够得上比较哩！

　　班固说："不歌而诵谓之赋。"从前的诗，谅来都是可以歌的，不歌的诗，自"屈原赋"始。几千字一篇的韵文，在体格上已经是空前创作。那波澜壮阔，层叠排奡，完全表出他气魄之伟大。有许多话讲了又讲，正见得缠绵悱恻，一往情深。有这种技术，才配说"感情的权化"。

　　写客观的意境，便活给它一个生命，这是屈原绝大本领。这类作品，《九歌》中最多。如：

　　　　君不行兮夷犹，蹇谁留兮中洲。美要眇兮宜修，沛吾乘兮桂舟。令沅湘兮无波，使江水兮安流。

　　　　　　　　　　　　　　　　　　　　　　　　　　　　　（《湘君》）

　　　　帝子降兮北渚，目眇眇兮愁予。袅袅兮秋风，洞庭波兮木叶下。……沅有芷兮澧有兰，思公子兮未敢言。……

　　　　　　　　　　　　　　　　　　　　　　　　　　　　　（《湘夫人》）

　　　　秋兰兮蘼芜，罗生兮堂下。绿叶兮素枝，芳菲菲兮袭予。……秋兰兮青青，绿叶兮紫茎。满堂兮美人，忽独与余兮目成。入不言兮出不辞，乘回风兮载云旗。悲莫悲兮生别离，乐莫乐兮新相知。荷衣兮蕙带，倏而来兮忽而逝。夕宿兮帝郊，君谁须兮云之际。……

　　　　　　　　　　　　　　　　　　　　　　　　　　　　　（《少司命》）

子交手兮东行，送美人兮南浦。波滔滔兮来迎，鱼
鳞鳞兮媵予。

（《河伯》）

这类作品，读起来，能令自然之美，和我们心灵相触逗。如
此，才算是有生命的文学。太史公批评屈原道：

其文约，其辞微，其志洁，其行廉。其称文小而其
指极大，举类迩而见义远。其志洁，故其称物芳；其行
廉，故死而不容。自疏濯淖污泥之中，蝉蜕于浊秽，以
浮游尘埃之外，不获世之滋垢，皭然泥而不滓者也。推
此志也，虽与日月争光可也。

（《史记》本传）

虽未能尽见屈原，也算略窥一斑了。我就把这段话作为全篇
的结束。

1922 年 11 月 3 日南京东南大学文哲学会讲演稿
原刊 1922 年 11 月 18—24 日《晨报副镌》

陶渊明之文艺及其品格

一

批评文艺有两个着眼点，一是时代心理，二是作者个性。古代作家能够在作品中把他的个性活现出来的，屈原以后，我便数陶渊明。

汉朝的文学家——司马相如、扬雄、班固、张衡之类，大抵以作"赋"著名。最传诵的几篇赋，都带点字书或类书的性质，很难在里头发现出什么性灵。五言诗和乐府，虽然在汉时已经发生，但那些好的作品，大半不能得作者主名。李陵苏武唱和诗之靠不住，固不消说，《玉台新咏》里头所载枚乘傅毅各篇，《文选》便不记撰人名氏，可见现存的汉诗十有九和《诗经》的《国风》一样，连撰人带时代都不甚分明。我们若贸贸然据后代选本所指派的人名，认定某首诗是某人所作，我觉得很危险，就令有几首可以证实，然而片鳞单爪，也不能推定作者面目。所以两汉四百年间文学界的个性作品，我虽不敢说是没有，但我也不敢说有哪几家我们确实可以推论。

诗的家数应该从"建安七子"以后论起，七子中曹子建、王仲宣作品，比较的算最多，往后便数阮嗣宗、陆士衡、潘安仁、陶渊明、谢康乐、颜延年、鲍明远、谢玄晖等，这些人都有很丰富的资料供我们研究，但我以为想研究出一位文学家的个性，却要他作品中含有下列两种条件。第一，要"不共"。怎样叫作不共呢？要他的作品完全脱离模仿的套调，不是能和别人共有。就这一点论，像"建安七子"，就难看出各人个性，曹子植子建兄弟、王仲宣、阮元瑜彼此都差不多（也许是我学力浅看不出他们的分别）。我们读了只能看出"七子的诗风"，很难看出哪一位的诗格。第二，要"真"。怎样才算真呢？要绝无一点矫揉雕饰，把作者的实感，赤裸裸地全盘表现。就这一点论，像潘、陆、鲍、谢，都太注重辞藻了，总有点像涂脂抹粉的佳人，把真面目藏去几分。所以我觉得唐以前的诗人，真能把他的个性整个端出来和我们相接触的，只有阮步兵和陶彭泽两个人，而陶尤为甘脆鲜明。所以我最崇拜他而且大着胆批评他。但我于批评之前尚须声明一句，这位先生身份太高了，原来用不着我们恭维，从前批评的人也很多，我所说的未必有多少能出古人以外，至于对不对更不敢自信了。

二

陶渊明生于东晋咸安二年壬申，卒于宋元嘉四年丁卯（西纪三七二—四二七）。他的曾祖是历史上有名的陶侃，官至八州都督封长沙郡公，在东晋各位名臣里头，算是气魄最大品格最高的一个人，渊明《命子诗》颂扬他的功德，说道："功遂辞归，临宠不忒，孰谓斯心，而近可得。"陶侃有很烜赫的功名，这诗却专崇拜他"功遂辞归"这一点，可以见渊明少年志趣了（《命子诗》是少作）。他祖父和父亲都做过太守，《命子诗》说他父亲"寄迹风云，寘兹愠喜"，想来也是一位胸襟很阔的人。他的外祖父孟嘉是陶侃女婿——他的外祖母也即他的祖姑。渊明曾替孟嘉作传，说他"行不苟合，言无夸矜，未尝有喜愠之容，好酣饮，逾多不乱，至于任怀得意，融然远寄，傍若无人"。我们读这篇传，觉得孟嘉活是一个渊明小影。渊明父母两系都有这种遗传，可见他那高尚人格，是从先天得来了。——以上说的是陶渊明的家世。

东晋一代政治，常常有悍将构乱，跟着也有名将定乱，所以向来政象虽不甚佳，也还保持水平线以上的地位。到渊明时代却不同了，谢安、谢玄一辈名臣相继凋谢。渊明二十岁到三十岁这十年间，都是会稽王司马道子和他的儿子元显柄国，很像清末庆亲王奕劻和他儿子载振一般，招权纳贿，弄得政界混浊不堪，各地拥兵将帅，互争雄长。到渊明三十一岁时，桓玄把道子杀了，明年便篡位，跟着刘裕起兵讨灭桓玄，像有点中兴气象，中间平南燕平姚秦，把百余年间五胡蹂躏的山河，总算恢复一大半转来。可惜刘裕做皇帝的心事太迫切，等不到完全成功，便引军南归，中原旋复陷没。渊明五十岁那年，刘裕篡晋为宋。过六年，渊明便死了。

渊明少年，母老家贫，想靠做官得点俸禄。当桓玄未篡位以前，曾做过刘牢之的参军，约摸三年，和刘裕是同僚。到刘裕讨灭桓玄之后，又曾做过刘敬宣的参军，又做过彭泽令，首尾仅一年多，从此便浩然归去，终身不仕。有名的《归去来辞》，便是那年所作，其时渊明不过三十四岁。萧统作渊明传谓："自以曾祖晋世宰辅，耻复屈身后代，自宋高祖王业渐隆，不复肯仕。"

其实渊明只是看不过当日仕途的混浊，不屑与那些热官为伍，倒不在乎刘裕的王业隆与不隆。若说专对刘裕吗？渊明辞官那年，正是刘裕拨乱反正的第二年，何以见得他不能学陶侃之功遂辞归，便料定他二十年后会篡位呢？本集《感士不遇赋》的序文说道："自真风告逝，大伪斯兴，闾阎懈廉退之节，市朝驱易进之心。"当时士大夫浮华奔竞，廉耻扫地，是渊明最痛心的事。他纵然没有力量移风易俗，起码也不肯同流合污，把自己人格丧掉。这是渊明弃官最主要的动机，从他的诗文中到处都看得出来。若说所争在什么姓司马的姓刘的，未免把他看小了。——以上说的是陶渊明的时代。

北襟江，东南吸鄱阳湖，有"以云为衣""万古青濛濛"的五老峰，有"海风吹不断，山月照还空"的香炉瀑布，到处溪声，像卖弄它的"广长舌"，无日无夜，几千年在那里说法，丹的黄的紫的绿的……杂花，四时不断，像各各抖擞精神替山容打扮，清脆美丽的小鸟儿，这里一群，那里一队，成天价合奏音乐，却看不见它们的歌舞剧场在何处，呵呵，这便是——一千多年来诗人讴歌的天国——庐山了。山麓的西南角——离归宗寺约摸二十多里，一路上都是"沟塍刻镂，原隰龙鳞，五谷垂颖，桑麻铺棻"。三里五里一个小村庄，那庄稼人老的少的丑的俏的，早出晚归做他的工作，像十分感觉人生的甜美。中间有一道温泉，泉边的草，像是有人天天梳剪它，葱蒨整齐得可爱，那便是栗里——便是南村了。再过十来里，便是柴桑口，是那"雄姿英发"的周郎谈笑破曹的策源地，也即绝代佳人陶渊明先生生长、钓游、永藏的地方了。我们国里头四川和江西两省，向来是产生大文学家的所在，陶渊明便是代表江西文学第一个人。——以上说的是陶渊明的乡土。

三国两晋以来之思想界，因为两汉经生破碎支离的反动，加以时世丧乱的影响，发生所谓谈玄学风，要从《易经》、老庄里头找出一种人生观。这种人生观有点奇怪，一面极端的悲观，一面从悲观里头找快乐，我替它起一个名叫作"厌世的乐天主义"。这种人生观批析到根柢到底有无好处，另是一个问题。但当时应用这种人生观的人，很给社会些不好影响。因为万事看破了，实际上仍找不出个安心立命所在，十有九便趋于颓废堕落一途。两晋社会风尚之坏，未始不由此。同时另外有一种思潮从外国输入的，便是佛教。佛教虽说汉末已经传到中国，但认真研究教理组成系统，实自鸠摩罗什以后。罗什到中国，正当渊明辞官归田那一年（晋义熙元年苻秦光始五年）。同时有一位大师慧远在庐山的东林结社说法三十多年。东林与渊明住的栗里，相隔不过二十多里。渊明和慧远方外至交，常常来往。渊明本是儒家出身，律己甚严，从不肯有一毫苟且卑鄙放荡的举动，一面却又受了当时玄学和慧远一班佛教徒的影响，形成他自己独得的人生见解，在他文学作品中充分表现出来。——以上说的是陶渊明那时的时代思潮。

三

陶渊明之冲远高洁，尽人皆知，他的文学最大价值也在此。这一点容在下文详论。但我们想觑出渊明整个人格，我以为有三点应先行特别注意。

第一须知他是一位极热烈极有豪气的人。他说：

忆我少壮时，无乐自欣豫。猛志逸四海，骞翮思
远翥。

（《杂诗》）

又说：

少时壮且厉，抚剑独行游。

（《拟古》）

这些诗都是写自己少年心事，可见他本来意气飞扬不可一
世。中年以后，渐渐看得这恶社会没有他施展的余地了，他发出
很感慨的悲音道：

日月掷人去，有志不获骋。感此怀悲凄，终晓不
能静。

（《杂诗》）

直到晚年，这点气概也并不衰减，在极闲适的诗境中，常常
露出些奇情壮思来，如《读〈山海经〉》十三首里说道：

精卫衔微木，将以填沧海。刑天舞干戚，猛志固
常在。

又说：

夸父诞宏志，乃与日竞走。……余迹寄邓林，功竟在身后。

《读〈山海经〉》是集中最浪漫的作品，所以不知不觉把他的"潜在意识"冲动出来了。又如《拟古》九首里头的一首：

辞家凤严驾，当往至无终。问君今何行，非商复非戎。闻有田子泰，节义为士雄。其人久已死，乡里习其风。生有高世名，既没传无穷。不学狂驰子，直在百年中。

又如《咏荆轲》那首：

燕丹善养士，志在报强嬴。招集百夫良，岁暮得荆卿。君子死知己，提剑出燕京。素骥鸣广陌，慷慨送我行。雄发指危冠，猛气冲长缨。饮饯易水上，四座列群英。渐离击悲筑，宋意唱高声。萧萧哀风逝，淡淡寒波生。商音更流涕，羽奏壮士惊。心知去不归，且有后世名。登车何时顾，飞盖入秦庭。凌厉越万里，逶迤过千城。图穷事自至，豪主正怔营。惜哉剑术疏，奇功遂不成。其人虽已没，千载有余情。

他所崇拜的是田畴、荆轲一流人，可以见他的性格是哪一种路数了。朱晦庵说："陶却是有力，但诗健而意闲，隐者多是带性负气之人。"此语真能道着痒处，要知渊明是极热血的人，若把他看成冷面厌世一派，那便大错了。

第二须知他是一位缠绵悱恻最多情的人。读集中《祭程氏妹文》《祭从弟敬远文》《与子俨等疏》，可以看出他家庭骨肉间的情爱热烈到什么地步。因为文长，这里不全引了。

他对于朋友的情爱，又真率，又浓挚。如《移居篇》写的：

> 春秋多佳日，登高赋新诗。过门更相呼，有酒斟酌之。农务各自归，闲暇辄相思。相思则披衣，言笑无厌时。……

一种亲厚甜美的情意，读起来真活现纸上。他那"闲暇辄相思"的情绪，有《停云》一首写得最好。

> 停云，思亲友也。罇湛新醪，园列初荣，愿言弗从，叹息弥襟。
>
> 霭霭停云，濛濛时雨。八表同昏，平路伊阻。静寄东轩，春醪独抚。良朋悠邈，搔首延伫。
>
> 停云霭霭，时雨濛濛。八表同昏，平陆成江。有酒有酒，闲饮东窗。愿言怀人，舟车靡从。
>
> 东园之树，枝条载荣。竞用新好，以怡余情。人亦有言，日月于征。安得促席，说彼平生。
>
> 翩翩飞鸟，息我庭柯。敛翮闲止，好声相和。岂无他人，念子实多。愿言不获，抱恨如何！

这些诗真算得温柔敦厚情深文明了。

集中送别之作不甚多，内中如答庞参军的结句："情通万里外，形迹滞江山。君其爱体素，来会在何年。"只是很平淡的四句，读去觉得比千尺的桃花潭水还情深哩。

集中写男女情爱的诗，一首也没有，因为他实在没有这种事实。但他却不是不能写，《闲情赋》里头，"愿在衣而为领……"底下一连叠十句"愿在……而为……"，熨帖深刻，恐古今言情的艳句，也很少比得上。因为他心苗上本来有极温润的情绪，所以要说便说得出。

宋以后批评陶诗的人，最恭维他"耻事二姓"，几乎首首都是眷念故君之作。这种论调，我们是最不赞成的。但以那么高节那么多情的陶渊明，看不上那"欺人孤儿寡妇取天下"的新主，对于已覆灭的旧朝不胜眷恋，自然是情理内的事。依我看，《拟古》九首，确是易代后伤时感事之作。内中两首：

> 荣荣窗下兰，密密堂前柳。初与君别时，不谓行当久。出门万里客，中道逢嘉友。未言心相醉，不在接杯酒。兰枯柳亦衰，遂令此言负。多谢诸少年，相知不忠厚。意气倾人命，离隔复何有。

> 仲春遘时雨，始雷发东隅。众蛰各潜骇，草木从横舒。翩翩新来燕，双双入我庐。先巢故尚在，相将还旧居。自从分别来，门庭日荒芜。我心固匪石，君情定何如。

这些诗都是从深痛幽怨发出来，个个字带着泪痕，和《祭妹文》一样的情操。顾亭林批评他道："淡然若忘于世，而感愤之怀，有时不能自止而微见其情者，真也。"这话真能道出渊明真际了。

第三须知他是一位极严正——道德责任心极重的人，他对于身心修养，常常用功，不肯放松自己。集中有《荣木》一篇，自序云："荣木，念将老也。日月推迁，已复九夏，总角闻道，白首无成。"那诗分四章，末两章云：

> 嗟予小子，禀兹固陋。徂年既流，业不增旧。志彼不舍，安此日富。我之怀矣，怛焉内疚。
>
> 先师遗训，余岂云坠。四十无闻，斯不足畏。脂我名车，策我名骥。千里虽遥，孰敢不至。

这首诗从词句上看来，当然是四十岁以后所作，又《饮酒篇》"少年罕人事，游好在六经。行行向不惑，淹留竟无成"，《杂诗》"前涂当几许，未知止泊处。古人惜寸阴，念此使人惧"，也是同一口吻。渊明得寿仅五十六岁，这些诗都是晚年作品，你看他进德的念头，何等恳切，何等勇猛。许多有暮气的少年，真该愧死了。

他虽生长在玄学佛学氛围中，他一生得力处和用力处，却都在儒学。《饮酒篇》末章云：

> 羲农去我久，举世少复真。汲汲鲁中叟，弥缝使其淳。凤鸟虽不至，礼乐暂得新。洙泗辍微响，漂流逮狂秦。诗书复何罪，一朝成灰尘。区区诸老翁，为事诚殷勤。如何绝世下，六籍无一亲。终日驰车走，不见所问津。……

当时那些谈玄人物，满嘴里清静无为，满腔里声色货利。渊明对于这班人，最是痛心疾首，叫他们作"狂驰子"，说他们"终日驰车走，不见所问津"。简单说，就是可怜他们整天价说的话丝毫受用不着。他有一首诗，对于当时那种病态的思想表示怀疑态度。说道：

苍苍谷中树，冬夏常如兹。年年见霜雪，谁谓不知时。厌闻世上语，结友到临淄。稷下多谈士，指彼决吾疑。装束既有日，已与家人辞。行行停出门，还坐更自思。不畏道里长，但畏人我欺。万一不合意，永为世笑嗤。伊怀难具道，为君作此诗。

（《拟古》）

这首诗和屈原的《卜居》用意差不多，只是表明自己有自己的见解，不愿意随人转移。他又说：

行止千万端，谁知非与是。是非苟相形，雷同共誉毁。三季多此事，达者似不尔。咄咄俗中愚，且当从黄绮。

（《饮酒》）

这是对于当时那些"借旷达出风头"的人施行总弹劾，他们是非雷同，说得天花乱坠，在渊明眼中，只算是"俗中愚"罢了。渊明自己怎么样呢？他只是平平实实将儒家话身体力行。他说：

先师有遗训，忧道不忧贫。瞻望邈难逮，转欲志长勤。

（《癸卯岁始春怀古田舍》）

又说：

历览千载书，时时见遗烈，高操非所攀，谬得固穷节。

（《癸卯岁十二月中作与从弟敬远》）

他一生品格立脚点，大略近于孟子所说"有所不为""不屑不洁"的狷者，到后来操养纯熟，便从这里头发现出人生真趣味来，若把他当作何晏、王衍那一派放达名士看待，又大错了。

以上三项，都是陶渊明全人格中潜伏的特性。先要看出这个，才知道他外表特性的来历。

四

渊明一世的生活，真算得最单调的了。老实说，他不过庐山底下一位赤贫的农民，耕田便是他唯一的事业。他这种生活，虽是从少年已定下志趣，但中间也还经过一两回波折，因为他实在穷得可怜，所以也曾转念头想做官混饭吃，但这种勾当，和他那"不屑不洁"的脾气，到底不能相容。他精神上很经过一番交战，结果觉得做官混饭吃的苦痛，比挨饿的苦痛还厉害，他才决然弃彼取此，有名的《归去来兮辞序》，便是这段事实和这番心理的自白。其全文如下：

> 余家贫，耕植不足以自给。幼稚盈室，缾无储粟，生生所资，未见其术，亲故多劝余为长吏，脱然有怀，求之靡途，会有四方之事，诸侯以惠爱为德。家叔以余贫苦，遂见用于小邑，于时风波未静，心惮远役。彭泽去家百里，公田之利，足以为润，故便求之。少日，眷然有归与之情。何则？质性自然，非矫厉所得。饥冻虽切，违己交病，尝从人事，皆口腹自役，于是怅然慷慨，深愧平生之志，犹望一稔，当敛裳宵逝，寻程氏妹丧于武昌，情在骏奔，自免去职。仲秋至冬，在官八十余日。因事顺心，命篇曰归去来兮。乙巳岁十一月也。

这篇小文，虽极简单极平淡，却是渊明全人格最忠实的表现。苏东坡批评他道："欲仕则仕，不以求之为嫌。欲隐则隐，不以去之为高。"这话对极了。古今名士，多半眼巴巴盯着富贵利禄，却扭扭捏捏说不愿意干，《论语》说的"舍曰欲之而必为之辞"，这种丑态最为可厌。再者，丢了官不做，也不算什么稀奇的事，被那些名士自己标榜起来，说如何如何的清高，实在适形其鄙。二千年来文学的价值，被这类人的鬼话糟蹋尽了。渊明这篇文，把他求官弃官的事实始末和动机赤裸裸照写出来，一毫掩饰也没有。这样的人，才是"真人"，这样的文艺，才是"真文艺"。后人硬要说他什么"忠爱"，什么"见几"，什么"有托而逃"，却把妙文变成"司空城旦书"了。

乙巳年之弃官归田，确是渊明全生涯中之一个大转折，从前他的生活，还在飘摇不定中，到这会才算定了。但这个“定”字，实属不易，他是经过一番精神生活的大奋斗才换得来。他说：“怅然慷慨，深愧平生之志。”《归去来辞》本文中又说：“既自以心为形役，奚惆怅而独悲。”可见他当做官的时候，实感觉无限痛苦。他当头一回出佐军幕时作的诗，说道：“望云惭高鸟，临水愧游鱼。”到晚年追述旧事的诗，也说道：“畴昔苦长饥，投耒去学仕。将养不得节，冻馁固缠己。是时向立年，志意多所耻。遂尽介然分，拂衣归田里。”就常人眼光看来，做官也不是什么对不住人的事，有什么可惭可愧可耻可悲呀。呵呵，大文学家真文学家和我们不同的就在这一点。他的神经极锐敏，别人不感觉的苦痛他会感觉。他的情绪极热烈，别人受苦痛搁得住，他却搁不住。渊明在官场里混那几年，像一位“一生儿爱好是天然”的千金小姐，强逼着去倚门卖笑，那种惭耻悲痛，真是深刻入骨。一直到摆脱过后，才算得着精神上解放了。所以他说：“觉今是而昨非。”

何以见得他的生活是从奋斗得来呢？因为他物质上的境遇，真是难堪到十二分，他却能始终抵抗，没有一毫退屈。他集中屡屡实写饥寒状况，如《杂诗》云：

> 代耕本所望，所业在田桑。躬亲未曾替，寒馁常糟糠。岂期过满腹，但愿饱粳粮。御冬足大布，粗絺以应阳。政尔不能得，哀哉亦可伤。……

《有会而作》篇的序文云：

旧谷既没，新谷未登。颇为老农，而值年灾。日月尚悠，为患未已。登岁之功，既不可希。朝夕所资，烟火裁通。旬日已来，始念饥乏。岁云夕矣，慨然永怀。今我不述，后生何闻哉。

诗云：

弱年逢家乏，老至更长饥。……馁也已矣夫，在昔余多师。

《怨诗楚调》篇云：

……炎火屡焚如，螟蜮恣中田。风雨纵横至，收敛不盈廛。夏日长抱饥，寒夜无被眠。造夕思鸡鸣，及晨愿乌迁。（按：此二语，言夜则愿速及旦，旦则愿速及夜，皆极写日子之难过。）……

寻常诗人，叹老嗟卑，无病呻吟，许多自己发牢骚的话，大半言过其实，我们是不敢轻信的。但对于陶渊明不能不信，因为他是一位最真的人。我们从他全部作品中可以保证他真是穷到彻骨，常常没有饭吃。那《乞食》篇说的：

饥来驱我去，不知竟何之。行行至斯里，叩门拙言辞。主人知余意，投赠副虚期。谈谐终日夕，觞至辄倾卮。情欣新知欢，兴言遂赋诗。感子漂母惠，愧我非韩才。衔戢知何谢，冥报以相贻。

乞食乞得一顿饭，感激到他"冥报相贻"的话，你想这种情况，可怜到什么程度！但他的饭肯胡乱吃吗？哼哼，他决不肯。本传记他一段故事道："江州刺史檀道济往候之，偃卧瘠馁有日矣。道济谓曰：'贤者处世，天下无道则隐，有道则至。今子生文明之世，奈何自苦如此？'对曰：'潜也何敢望贤，志不及也。'道济馈以粱肉，麾而去之。"他并不是好出圭角的人，待人也很和易，但他对于不愿意见的人、不愿意做的事，宁可饿死，也不肯丝毫迁就。孔子说的"志士不忘在沟壑"，他一生做人的立脚，全在这一点。《饮酒》篇中一章云：

> 清晨闻叩门，倒裳往自开。问子为谁欤，田父有好怀。壶浆远见候，疑我与时乖。"褴缕茅庐下，未足为高栖。一世皆尚同，愿君汩其泥。"深感父老言，禀气寡所谐。纡辔诚可学，违己讵非迷。且共欢此饮，吾驾不可回。

这些话和屈原的《卜居》《渔父》一样心事，不过屈原的骨鲠显在外面，他却藏在里头罢了。

五

檀道济说他"奈何自苦如此"！他到底苦不苦呢？他不惟不苦，而且可以说是世界上最快乐的一个人。他最能领略自然之美，最能感觉人生的妙味。在他的作品中，随处可以看得出来。如《读〈山海经〉》十三首的第一首：

> 孟夏草木长，绕屋树扶疏。众鸟欣有托，吾亦爱吾庐。既耕亦已种，时还读我书。门巷隔深辙，颇回故人车。欢然酌春酒，摘我园中蔬。微雨从东来，好风与之俱。泛览周王传，流观山海图。俯仰终宇宙，不乐复何如？

如《和郭主簿》二首的第一首：

> 霭霭堂前林，中夏贮清阴。凯风因时来，回飙开我襟。息交游闲业，卧起弄书琴。园蔬有余滋，旧谷犹储今。营已良有极，过足非所钦。春秫作美酒，酒熟吾自斟。弱子戏我侧，学语未成音。此事真复乐，聊用忘华簪。遥遥望白云，怀古一何深。

如《饮酒》二十首的第五首：

> 结庐在人境，而无车马喧。问君何能尔？心远地自偏。采菊东篱下，悠然见南山。山气日夕佳，飞鸟相与还。此中有真意，欲辨已忘言。

如《移居》二首：

　　昔欲居南村，非为卜其宅。闻多素心人，乐与数晨夕。怀此颇有年，今日从兹役。敝庐何必广，取足蔽床席。邻曲时时来，抗言谈在昔。奇文共欣赏，疑义相与析。

　　春秋多佳日，登高赋新诗。过门更相呼，有酒斟酌之。农务各自归，闲暇辄相思。相思则披衣，言笑无厌时。此理将不胜，无为忽去兹。衣食须当纪，力耕不吾欺。

如《饮酒》的第十三首：

　　故人赏我趣，挈壶相与至。班荆坐松下，数斟已复醉。父老杂乱言，觞酌失行次。不觉知有我，安知物为贵。悠悠迷所留，酒中有深味。

集中像这类的诗很多，虽写穷愁，也含有翛然自得的气象。他临终时给他儿子们的遗嘱——《与子俨等疏》，内中有一段写自己的心境，说道：

　　少学琴书，偶爱闲静。开卷有得，便欣然忘食。见树木交荫，时鸟变声，亦复欢然有喜。常言五六月中北窗下卧，遇凉风暂至，自谓是羲皇上人。

读这些作品，便可以见出此老胸中，没有一时不是活泼泼的，自然界是他爱恋的伴侣，常常对着他微笑，他无论肉体上有多大苦痛，这位伴侣都能给他安慰。因为他抓定了这位伴侣，所以在他周围的人事，也都变成微笑了。他说："即事多所欣。"据我们想来，他终日所接触的，果然全是可欣的资料。因为这样，所以什么饥咧寒咧，在他全部生活上，便成了很小的问题。《拟古》九首的第五首云：

> 东方有一士，被服常不完。三旬九遇食，十年著一冠。辛苦无此比，常有好容颜。我欲观其人，晨去越河关。青松夹路生，白云宿檐端。知我故来意，取琴为我弹。上弦惊别鹤，下弦操孤鸾。愿留就君住，从今到岁寒。

"辛苦无此比，常有好容颜"这两句话，可算得他老先生自画"行乐图"。我们可以想象出一位冷若冰霜艳如桃李的绝代佳人，你说他像当时那一派"放浪形骸之外"的名士吗？那却是大大不然。他的快乐不是从安逸得来，完全从勤劳得来。

《庚戌岁九月中于西田获早稻篇》云：

> 人生归有道，衣食固其端。孰是都不营，而以求自安。开春理常业，岁功聊可观。晨出肆微勤，日夕负耒还。山中饶霜露，风气亦先寒。田家岂不苦，不获辞此难。四体诚乃疲，庶无异患干。盥濯息檐下，斗酒散襟颜。遥遥沮溺心，千载乃相关。但愿长如此，躬耕非所叹。

近人提倡"劳作神圣"，像陶渊明才配说懂得劳作神圣的真意义哩。"四体诚乃疲，庶无异患干"两句话，真可为最合理的生活之准鹄。曾文正说："勤劳而后休息，一乐也。"渊明一生快乐，都是从勤劳后的休息得来。

渊明是"农村美"的化身。所以他写农村生活，真是入妙。如：

> ……方宅十余亩，草屋八九间，榆柳荫后园，桃李罗堂前。暧暧远人村，依依墟里烟，狗吠深巷中，鸡鸣桑树颠。……
>
> （《归田园居》）

> 野外罕人事，穷巷寡轮鞅。白日掩荆扉，虚室绝尘想。时复墟曲中，披草共来往。相见无杂言，但道桑麻长。……
>
> （同上）

> ……漉我新熟酒，只鸡招近局，日入室中暗，荆薪代明烛。欢来苦夕短，已复至天旭。
>
> （同上）

> ……秉耒欢时务，解颜劝农人。平畴交远风，良苗亦怀新。……
>
> （《怀古田舍》）

> ……饥者欢初饱，束带候鸣鸡。扬楫越平湖，汛随清壑回。郁郁荒山里，猿声闲且哀。悲风爱静夜，林鸟喜晨开。……
>
> （《下溪田舍获稻》）

后来诗家描写田舍生活的也不少，但多半像乡下人说城市事，总说不到真际。生活总要实践的才算，养尊处优的士大夫，说什么田家风味，配吗？渊明只把他的实历实感写出来，便成为最亲切有味之文。

渊明有他理想的社会组织，在《桃花源记》和诗里头表现出来。《记》云：

> 晋太元中，武陵人捕鱼为业。缘溪行，忘路之远近。忽逢桃花林，夹岸数百步，中无杂树，芳草鲜美，落英缤纷，渔人甚异之。复前行，欲穷其林，林尽水源，便得一山。山有小口，仿佛若有光，便舍船从口入。初极狭，才通人，复行数十步，豁然开朗，土地平旷，屋舍俨然，有良田美池桑竹之属。阡陌交通，鸡犬相闻。其中往来种作男女衣着，悉如外人。黄发垂髫，并怡然自乐。见渔人乃大惊，问所从来，具答之。便要还家，设酒杀鸡作食，村中闻有此人，咸来问讯。自云先世避秦时乱，率妻子邑人来此绝境，不复出焉，遂与外人间隔。问今是何世，乃不知有汉，无论魏晋。此人一一为具言，所闻皆叹惋。余人各复延至其家，皆出酒食，停数日，辞去。此中

人语云：不足为外人道也。既出，得其船，便扶向路，处处志之，及郡下，诣太守说如此。太守即遣人随其往，寻向所志，遂迷不复得路。南阳刘子骥，高尚士也。闻之，欣然亲往，未果。寻病终，后遂无问津者。

诗云：

> 嬴氏乱天纪，贤者避其世。黄绮之商山，伊人亦云逝。往迹浸复湮，来径遂芜废。相命肆农耕，日入从所憩。桑竹垂余荫，菽稷随时艺。春蚕收长丝，秋熟靡王税。荒路暖交通，鸡犬互鸣吠。俎豆犹古法，衣裳无新制。童孺纵行歌，班白欢游诣。草荣识节和，木衰知风厉。虽无纪历志，四时自成岁。怡然有余乐，于何劳智慧。奇踪隐五百，一朝敞神界。淳薄既异源，旋复还幽蔽。借问游方士，焉测尘嚣外。愿言蹑轻风，高举寻吾契。

这篇记可以说是唐以前第一篇小说，在文学史上算是极有价值的创作。这一点让我论小说沿革时再详细说它。至于这篇文的内容，我想起它一个名叫作东方的 Utopia（乌托邦），所描写的是一个极自由极平等之爱的社会。荀子所谓"美善相乐"，惟此足以当之。桃源，后世竟变成县名。小说力量之大，也无出其右了。后人或拿来附会神仙，或讨论它的地方年代，真是痴人前说不得梦。

六

渊明何以能有如此高尚的品格和文艺，一定有他整个的人生观在背后。他的人生观是什么呢？可以拿两个字包括它，"自然"。他替他外祖孟嘉作传说道："……又问（桓温问孟嘉）听妓，丝不如竹，竹不如肉。答曰：渐近自然。……"（《晋故征西大将军长史孟府君传》）

《归田园居》诗云：

> 久在樊笼里，复得返自然。

《归去来兮辞序》云：

> 质性自然，非矫厉所得，饥冻虽切，违己交病。

他并不是因为隐逸高尚有什么好处才如此做，只是顺着自己本性的自然。"自然"是他理想的天国，凡有丝毫矫揉造作，都认作自然之敌，绝对排除。他做人很下坚苦工夫，目的不外保全他的"自然"。他的文艺只是"自然"的体现，所以"容华不御"恰好和"自然之美"同化。后人用"斫雕为朴"的手段去学他，真可谓"刻画无盐唐突西子"了。

爱自然的结果，当然爱自由。渊明一生，都是为精神生活的自由而奋斗。斗的什么？斗物质生活。《归去来兮辞》说："尝从人事，皆口腹自役。"又说："以心为形役。"他觉得做别人奴隶，回避还容易，自己甘心做自己的奴隶，便永远不能解放了。他看清楚耳目口腹等等，绝对不是自己，犯不着拿自己去迁就它们。他有一首诗直写这种怀抱云：

> 在昔曾远游，直至东海隅。道路迥且长，风波阻中途。此行谁使然，似为饥所驱。倾身营一饱，少许便有余。恐此非名计，息驾归闲居。

因为"倾身营一饱，少许便有余"，所以"营己良有极，过足非所钦"。他并不是对于物质生活有意克减，他实在觉得那类生活，便丰赡也用不着。宋钘说："人之情欲寡而皆以为己之情欲多，过也。"渊明正参透这个道理，所以极刻苦的物质生活，他却认为"复归于自然"。他对于那些专务物质生活的人有两句诗批评他们道：

> 客养千金躯，临化消其宝。

> （《饮酒》）

这两句名句，可以抵七千卷的《大藏经》了。

集中有形影神三首，第一首《形赠影》，第二首《影答形》，第三首《神释》。这三首诗正写他自己的人生观，那《神释》篇的末句云：

> 纵浪大化中，不喜亦不惧。应尽便须尽，无复独多虑。

《杂诗》里头亦说：

> 蟞舟无须臾，引我不得住。前涂当几许，未知止
> 泊处。

《归去来辞》末句亦说：

> 聊乘化以归尽，乐夫天命复奚疑。

就佛家眼光看来，这种论调，全属断见，自然不算健全的人生观。但渊明却已够自己受用了，他靠这种人生观，一生能够"酣饮赋诗，以乐其志""忘怀得失，以此自终"（《五柳先生传》）。一直到临死时候，还是翛然自得，不慌不忙地留下几篇自祭自挽的妙文。那《自挽诗》云：

> 有生必有死，早终非命促。昨暮同为人，今旦在鬼
> 录。魂气散何之，枯形寄空木。娇儿索父啼，良友抚我
> 哭。得失不复知，是非安能觉。千秋万岁后，谁知荣与
> 辱。但恨在世时，饮酒不得足。
> 在昔无酒饮，今但湛空觞。春醪生浮蚁，何时更
> 能尝。肴案盈我前，亲旧哭我傍。欲语口无音，欲视眼
> 无光。昔在高堂寝，今宿荒草乡。一朝出门去，归来良
> 未央。
> 荒草何茫茫，白杨亦萧萧。严霜九月中，送我出远
> 郊。四面无人居，高坟正嶕峣。马为仰天鸣，风为自萧

条。幽室一已闭，千年不复朝。千年不复朝，贤达无奈何。向来相送人，各自还其家。亲戚或余悲，他人亦已歌。死去何所道，托体同山阿。

《自祭文》云：

岁惟丁卯，律中无射，天寒夜长，风气萧索，鸿雁于征，草木黄落，陶子将辞逆旅之馆，永归于本宅。故人凄其相悲，同祖行于今夕。羞以嘉疏，荐以清酌。候颜已冥，聆音愈漠。呜呼哀哉，茫茫大块，悠悠苍旻，是生万物，余得为人。自余为人，逢运之贫，箪瓢屡罄，绤绤冬陈，合欢谷汲，行歌负薪，翳翳柴门，事我宵晨，春秋代谢，有务中园，载耘载耔，乃育乃繁，欣以素牍，和以七弦，冬曝其日，夏濯其泉，勤靡余劳，心有常闲，乐天委分，以至百年。惟此百年，夫人爱之，惧彼无成，愒日惜时，存为世珍，殁亦见思，嗟我独迈，曾是异兹，宠非己荣，涅岂吾缁，捽兀穷庐，酣饮赋诗，识运知命，畴能罔眷，余今斯化，可以无恨，寿涉百龄，身慕肥遁，从老得终，奚所复恋，寒暑逾迈，亡既异存，外姻晨来，良友宵奔，葬之中野，以安其魂。窅窅我行，萧萧墓门，奢耻宋臣，俭笑王孙，廓兮已灭，慨焉以遐，不封不树，日月遂过，匪贵前誉，孰重后歌，人生实难，死如之何？呜呼，哀哉！

这三首诗一篇文，绝不是像寻常名士平居游戏故作达语，的确是临死时候所作。因为所记年月，有传记可以互证。古来忠臣烈士慷慨就死时几句简单的绝命诗词，虽然常有，若文学家临死留下很有理趣的作品，除渊明外像没有第二位哩。我想把文中"勤靡余劳，心有常闲，乐天委分，以至百年"十六个字，作为渊明先生人格的总赞。

选自《陶渊明》，1923 年

最苦与最乐

人生什么事最苦呢？贫吗？不是。病吗？不是。失意吗？不是。老吗？死吗？都不是。我说人生最苦的事，莫苦于身上背着一种未来的责任。

人若能知足，虽贫不苦；若能安分（不多作分外希望），虽失意不苦；老、病、死，乃人生难免的事，达观的人看得很平常，也不算什么苦。独是凡人生在世间一天，便有一天应该做的事。该做的事没有做完，便像是有几千斤重担子压在肩头，再苦是没有的了。为什么呢？因为受那良心责备不过，要逃躲也没处逃躲呀！

答应人办一件事没有办，欠了人的钱没有还，受了人家的恩典没有报答，得罪错了人没有赔礼，这就连这个人的面也几乎不敢见他；纵然不见他面，睡里梦里都像有他的影子来缠着我。为什么呢？因为觉得对不住他呀，因为自己对于他的责任还没有解除呀！不独是对于一个人如此，就是对于家庭、对于社会、对于国家，乃至对于自己，都是如此。凡属我受过他好处的人，我对于他便有了责任。（家庭、社会、国家，也可当作一个人看。我们都是曾经受过家庭、社会、国家的好处，而且现在还受着它的好处，所以对于它常常有责任。）凡属我应该做的事，而且力量能够做得到的，我对于这件事便有了责任。（譬如父母有病，不能靠别人伺候，这是我应该做的事，求医觅药，是我力量能做得到的事。我若不做，便是不尽责任。医药救得转来救不转来，这却不是我的责任。）凡属我自己打主意做一件事，便是现在的自己和将来的自己立了一种契约，便是自己对于自己加一层责任。（譬如我已经定了主意，要戒烟，从此便负了有不吸烟的责任。我已经定了主意，要著一部书，从此便有著成这部书的责任。这种不是对于别人负责任，却是现在的自己对于过去的自己负责任。）有了这责任，那良心便时时刻刻监督在后头。一日应尽的责任没有尽，到夜里头便是过的苦痛日子。一生应尽的责任没有尽，便死也是带着苦痛往坟墓里去。这种苦痛却比不得普通的贫、病、老，可以达观排解得来。所以我说人生没有苦痛便罢，若有苦痛，当然没有比这个加重的了。

翻过来看，什么事最快乐呢？自然责任完了，算是人生第一件乐事。古语说得好："如释重负。"俗语亦说是："心上一块石头落了地。"人到这个时候，那种轻松愉快，真不可以言语形容。责任越重大，负责的日子越久长，到责任完了时，海阔天空，心安理得，那快乐还要加几倍哩！大抵天下事，从苦中得来的乐才算真乐。人生须知道有负责任的苦处，才能知道有尽责任的乐处。这种苦乐循环，便是这有活力的人间一种趣味。却是不尽责任，受良心责备，这些苦都是由自己找来的。一翻过来，处处尽责任，便处处快乐；时时尽责任，便时时快乐。快乐之权操之在己。孔子所以说"无入而不自得"，正是这种作用哩！

然则为什么孟子又说"君子有终身之忧"呢？因为越是圣贤豪杰，他负的责任便越是重大，而且他常要把种种责任来揽在身上，肩头的担子从没有放下的时节。曾子还说哩："任重而道远，死而后已，不亦远乎！"那仁人志士的忧民忧国，那诸圣诸佛的悲天悯人，虽说他是一辈子里苦痛，也都可以。但是他日日在那里尽责任，便日日在那里得苦中真乐，所以他到底还是乐不是苦呀！

有人说，既然这苦是从负责任生来，我若是将责任卸却，岂不就永远没有苦了吗？这却不然，责任是要解除了才没有，并不是卸了就没有。人生若能永远像两三岁小孩，本来没有责任，那就本来没有苦。到了长成，那责任自然压在你头上，如何能躲？不过有大小的分别罢了。尽得大的责任，就得大的快乐；尽得小的责任，就得小的快乐。你若是要躲，倒是自投苦海，永远不能解除了。

1918 年 12 月 29 日《大公报》

趣味教育与教育趣味

一

假如有人问我："你信仰的什么主义？"我便答道："我信仰的是趣味主义。"有人问我："你的人生观拿什么作根柢？"我便答道："拿趣味做根柢。"我生平对于自己所做的事，总是做得津津有味，而且兴会淋漓；什么悲观咧厌世咧这种字面，我所用的字典里头，可以说完全没有。我所做的事，常常失败——严格的可以说没有一件不失败——然而我总是一面失败一面做。因为我不但在成功里头感觉趣味，就在失败里头也感觉趣味。我每天除了睡觉外，没有一分钟一秒钟不是积极地活动。然而我绝不觉得疲倦，而且很少生病。因为我每天的活动有趣得很，精神上的快乐，补得过物质上的消耗而有余。

趣味的反面，是干瘪，是萧索。晋朝有位殷仲文，晚年常郁郁不乐，指着院子里头的大槐树叹气，说道："此树婆娑，生意尽矣。"一棵新栽的树，欣欣向荣，何等可爱！到老了之后，表面上虽然很婆娑，骨子里生意已尽，算是这一期的生活完结了。殷仲文这两句话，是用很好的文学技能，表出那种颓唐落寞的情绪。我以为这种情绪，是再坏没有的了。无论一个人或一个社会，倘若被这种情绪侵入弥漫，这个人或这个社会算是完了，再不会有长进。何止没长进？什么坏事，都要从此产育出来。总而言之，趣味是活动的源泉。趣味干竭，活动便跟着停止。好像机器房里没有燃料，发不出蒸汽来，任凭你多大的机器，总要停摆。停摆过后，机器还要生锈，产生许多毒害的物质哩。人类若到把趣味丧失掉的时候，老实说，便是生活得不耐烦，那人虽然勉强留在世间，也不过行尸走肉。倘若全个社会如此，那社会便是瘰病的社会，早已被医生宣告死刑。

二

"趣味教育"这个名词，并不是我所创造，近代欧美教育界早已通行了。但他们还是拿趣味当手段，我想进一步，拿趣味当目的。请简单说一说我的意见。

第一，趣味是生活的原动力，趣味丧掉，生活便成了无意义。这是不错。但趣味的性质，不见得都是好的。譬如好嫖好赌，何尝不是趣味？但从教育的眼光看来，这种趣味的性质，当然是不好。所谓好不好，并不必拿严酷的道德论做标准。既已主张趣味，便要求趣味的贯彻。倘若以有趣始以没趣终，那么趣味主义的精神，算完全崩落了。《世说新语》记一段故事："祖约性好钱，阮孚性好屐，世未判其得失。有诣约，见正料量财物，客至屏当不尽，余两小簏，以著背后，倾身障之，意未能平。诣孚，正见自蜡屐，因叹曰：'未知一生当着几纳屐。'意甚闲畅，于是优劣始分。"这段话，很可以作为选择趣味的标准。凡一种趣味事项，倘或是要瞒人的，或是拿别人的苦痛换自己的快乐，或是快乐和烦恼相间相续的，这等统名为下等趣味。严格说起来，它就根本不能做趣味的主体。因为认这类事当趣味的人，常常遇着败兴，而且结果必至于俗语说的"没兴一齐来"而后已，所以我们讲趣味主义的人，绝不承认此等为趣味。人生在幼年青年期，趣味是最浓的，成天价乱碰乱进；若不引他到高等趣味的路上，他们便非流入下等趣味不可。没有受过教育的人，固然容易如此。教育教得不如法，学生在学校里头找不出趣味，然而他们的趣味是压不住的，自然会从校课以外乃至校课反对的方向去找他的下等趣味，结果，他们的趣味是不能贯彻的，整个变成没趣的人生完事。我们主张趣味教育的人，是要趁儿童或青年趣味正浓而方向未决定的时候，给他们一种可以终生受用的趣味。这种教育办得圆满，能够令全社会整个永久是有趣的。第二，既然如此，那么教育的方法，自然也跟着解决了。教育家无论多大能力，总不能把某种学问教通了学生，只能令受教的学生当着某种学问的趣味，或者学生对于某种学问原有趣味，教育家把它加深加厚。所以教育事业，从积极方面说，全在唤起趣味，从消极方面说，要十分注意不可以摧残趣味。摧残趣味有几条路。头一件是注射式的教育。教师把课本里头东西叫学生强记。好像嚼饭给小孩子吃，那饭已经是一点儿滋味没有了，还要叫他照样地嚼几口，仍旧吐出来看。那么，假令我是个小孩子，当然会认吃饭是一件苦不可言的事了。这种教育法，从前教八股完全是如此，现在学校里形式虽变，精神却还是大同小异，这样教下去，只怕永远教不出人才来。第二件是课目太多。为培养常识起见，学堂课目固然不能太少。为恢复疲劳起见，每日的课目固然不能不参错掉换。但这种理论，只能为程度的适用，若用得过分，毛病便会发生。趣味的性质，是越引越深。想引得深，总要时间和精力比较的集中才可。若在一个时期内，同时做十来种的功课，走马看花，应接不暇，初时或者惹起多方面的趣味，结果任何方面的趣味都不能养成。那么，教育效率，可以等于零。为什么呢？因为受教育受了好些时，件件都是在大门口一望便了，完全和自己的生活不发生关系，这教育不是白费吗？第三件是拿教育的事项当手段。从前我们学八股，大家有句通行话说它是敲门砖，门敲开了自然把砖也抛却，再不会有人和那块砖头发生起恋爱来。我们若是拿学问当作敲门砖看待，断乎不能有深入而且持久的趣味。我们为什么学数学，因为数学有趣所以学数学；为什么学历史，因为历史有趣所以学历史；为什么学画画、学打球，因为画画有趣、打球有趣所以学画画、学打球。人生的状态，本来是如此，教育的最大效能，也只是如此。各人选择他趣味最浓的事项做职业，自然一切劳作，都是目的，不是手段，越劳作越发有趣。反过来，若是学法政用来作做官的手段，官做不成怎么样呢？学经济用来做发财的手段，财发不成怎么样呢？结果必至于把趣味完全送掉。所以教育家最要紧教学生知道是为学问而学问，为活动而活动。所有学问、所有活动，都是目的，不是手段。学生能领会得这个见解，他的趣味，自然终生不衰了。

三

以上所说，是我主张趣味教育的要旨。既然如此，那么在教育界立身的人，应该以教育为惟一的趣味，更不消说了。一个人若是在教育上不感觉有趣味，我劝他立刻改行，何必在此受苦？既已打算拿教育做职业，便要认真享乐，不辜负了这里头的妙味。

孟子说："君子有三乐，而王天下不与存焉。"第三种就是："得天下英才而教育之。"他的意思是说教育家比皇帝还要快乐。他这话绝不是替教育家吹空气，实际情形，确是如此。我常想，我们对于自然界的趣味，莫过于种花。自然界的美，像山水风月等等，虽然能移我情，但我和它没有特殊密切的关系，它的美妙处，我有时便领略不出。我自己手种的花，它的生命和我的生命简直并合为一，所以我对着它，有说不出来的无上妙味。凡人工所做的事，那失败和成功的程度都不能预料，独有种花，你只要用一分心力，自然有一分效果还你，而且效果是日日不同，一日比一日进步。教育事业正和种花一样。教育者与被教育者的生命是并合为一的。教育者所用的心力，真是俗语说的"一分钱一分货"，丝毫不会枉费。所以我们要选择趣味最真而最长的职业，再没有别样比得上教育。

现在的中国，政治方面、经济方面，没有哪件说起来不令人头痛。但回到我们教育的本行，便有一条光明大路，摆在我们前面。从前国家托命，靠一个皇帝，皇帝不行，就望太子，所以许多政论家——像贾长沙一流都最注重太子的教育。如今国家托命是在人民，现在的人民不行，就望将来的人民。现在学校里的儿童青年，个个都是"太子"，教育家便是"太子太傅"。据我看，我们这一代的太子，真是"富于春秋，典学光明"，这些当太傅的，只要"鞠躬尽瘁"，好生把他培养出来，不愁不眼见中兴大业。所以别方面的趣味，或者难得保持，因为到处挂着"此路不通"的牌子，容易把人的兴头打断；教育家却全然不受这种限制。

　　教育家还有一种特别便宜的事，因为"教学相长"的关系，教人和自己研究学问是分离不开的，自己对于自己所好的学问，能有机会终生研究，是人生最快乐的事，这种快乐，也是绝对自由，一点不受恶社会的限制。做别的职业的人，虽然未尝不可以研究学问，但学问总成了副业了。从事教育职业的人，一面教育，一面学问，两件事完全打成一片。所以别的职业是一重趣味，教育家是两重趣味。

　　孔子屡屡说："学而不厌，诲人不倦。"他的门生赞美他说："正惟弟子不能及也。"一个人谁也不学，谁也不诲人，所难者确在不厌不倦。问他为什么能不厌不倦呢？只是领略得个中趣味，当然不能自已。你想：一面学，一面诲人，人也教得进步了，自己所好的学问也进步了，天下还有比他再快活的事吗？人生在世数十年，终不能一刻不活动，别的活动，都不免常常陷在烦恼里头，独有好学和好诲人，真是可以无入而不自得，若真能在这里得了趣味，还会厌吗？还会倦吗？孔子又说："知之者不如好之者，好之者不如乐之者。"诸君都是在教育界立身的人，我希望更从教育的可好可乐之点，切实体验，那么，不惟诸君本身得无限受用，我们全教育界也增加许多活气了。

1922 年 4 月 10 日直隶教育联合研究会讲演稿

美术与科学

稍为读过西洋史的人，都知道现代西洋文化，是从文艺复兴时代演进而来。现代文化根柢在哪里？不用我说，大家当然都知道是科学。然而文艺复兴主要的任务和最大的贡献，却是在美术。从表面看来，美术是情感的产物，科学是理性的产物。两件事很像不相容，为什么这位暖和和的阿特先生，会养出一位冷冰冰的赛因士儿子？其间因果关系，研究起来很有兴味。

美术所以能产生科学，全从"真美合一"的观念发生出来，他们觉得真即是美，又觉得真才是美，所以求美先从求真入手。文艺复兴的太祖高皇帝雷安那德·达温奇——就是画最有名的耶稣晚餐图那个人，谅来诸君都知道了，达温奇有几件故事，很有趣而且有价值。当时意大利某乡村，新发现的希腊人雕刻的一尊温尼士女神裸体像，举国若狂地心醉其美，不久被基督教徒说是魔鬼，把她涂了脸凿了眼睛断了手脚丢在海里去了。达温奇和他几位同志，悄悄地到处发掘，又掘着第二尊。有一晚，他们关起大门，在那里赏玩他们的新发现品，被基督教徒侦探着，一大群人声势汹汹地破门而入。人进去看见达温奇干什么呢？他拿一根软条的尺子在那里量那石像的尺寸部位，一双眼对着那石像出神，简直像没有看见众人一般，把众人倒愣了。当时在场的人，有一位古典派美术家老辈梅尔拉，不以达温奇的举动为然，告诉他道："美不是从计算产生出来的呀。"达温奇要理不理的，许久才答道："不错，但我非知道我所要知的事情不肯干休。"有一回傍晚时候，天气十分惨淡，有一位年高望重的天主教神父，当众讲演，说："世界末日快到了，基督立刻来审判我们了，赶紧忏悔啊，赶紧皈依啊。"说得肉飞神动，满场听众受了刺激，哭咧，叫咧，打噤咧，磕头咧，闹得一团糟。达温奇有位高足弟子也在场，也被群众情感的浪卷去，觉得自己跟着这位魔鬼先生学，真是罪人，也叫起"耶稣救命"来，猛回头看见他先生却也在那边。在那边干什么呢？左手拿块画板，右手拿管笔，一双眼盯在那位老而且丑的神父脸上，正在画他呢。这两件故事，诸君听着好玩么。诸君啊，不要单作好玩看待，须知这便是美术和科学交通的一条秘密隧道。诸君以为达温奇光是一位美术家吗？不不，他还是一位大科学家。近代的生物学，是他"筚路蓝缕"地开辟出来。倘若生物学家有道统图，要推他当先圣周公，达尔文不过先师孔子罢了。他又会造飞机，又会造铁甲车船，现有他自己给米兰公爵的书信为证。诸君啊，你想当美术家吗？你想知道惊天动地的美术品怎样出来吗？请看达温奇。

我说了半天，还没有说到美术科学相沟通的本题，现在请亮开来说吧。密斯忒阿特、密斯忒赛因士，他们哥儿俩，有一位共同的娘，娘什么名字？叫作密斯士奈渣，翻成中国话，叫作"自然夫人"。问美术的关键在哪里？限我只准拿一句话回答，我便毫不踌躇地答道："观察自然。"问科学的关键在哪里？限我只准拿一句话回答，我也毫不踌躇地答道："观察自然。"向来我们人类，虽然和"自然"耳鬓厮磨，但总是"鱼相忘于江湖"的样子，一直到文艺复兴以后，才算把这位积年老伙计认识了。认识过后，便一口咬住，不肯放松，硬要在他身上还出我们下半世的荣华快乐。哈哈！果然他老人家葫芦里法宝，被我们搜出来了，一件是美术，一件是科学。

认识自然，不是容易的事，第一件要你肯观察，第二件还要你会观察。粗心固然观察不出，不能说仔细便观察得出。笨伯固然观察不出，弄聪明有时越发观察不出。观察的条件，头一桩，是要对于所观察的对象有十二分兴味，用全副精神注在它上头，像庄子讲的承蜩丈人"虽天地之大万物之多，而惟吾蜩翼之知"。第二桩要取纯客观的态度，不许有丝毫主观的僻见掺在里头，若有一点，所观察的便会走了样子了。达温奇还有一幅名画叫作莫那利沙。莫那利沙，就是达温奇爱恋的美人。相传画那一点微笑，画了四年。他自己说，虽然恋爱极热，始终却是拿极冷酷的客观态度去画她。要而言之，热心和冷脑相结合是创造第一流艺术品的主要条件。换个方面看来，岂不又是科学成立的主要条件吗？

真正的艺术作品，最要紧的是描写出事物的特性，然而特性各各不同，非经一番分析的观察工夫不可。莫泊三的先生教他作文，叫他看十个车夫，作十篇文来写他，每篇限一百字。晚餐图里头的基督，何以确是基督，不是基督的门徒，十二门徒中，何以彼得确是彼得，不是约翰，约翰确是约翰，不是犹大，犹大确是犹大，不是非卖主的余人。这种本领，全在同中观异，从寻常人不会注意的地方，找出各人情感的特色。这种分析精神，不又是科学成立的主要成分吗？

美术家的观察，不但以周遍精密的能事，最重要的是深刻。

苏东坡述文与可论画竹的方法，说道："画竹必先得成竹于胸中。执笔熟视，乃见其所欲画者。急起从之，振笔直遂，以追其所见，如兔起鹘落，少纵则逝矣。"这几句话，实能说出美术的密钥，美术家雕画一种事物，总要在未动工以前，先把那件事物的整个实在完全摄取，一攫攫住它的生命，霎时间和我的生命并合为一。这种境界，很含有神秘性。虽然可以说是在理性范围以外，然而非用锐入的观察法一直透入深处，也断断不能得这种境界。这种锐入观察法，也是促进科学的一种助力。

美术的任务，自然是在表情，但表情技能的应用，须有规律的组织，令各部分互相照应，相传五代时蜀主孟昶，藏一幅吴道子画钟馗，左手捉一个鬼，用右手第二指挖那鬼的眼睛。孟昶拿来给当时大画家黄筌看，说道：若用拇指，似更有力，请黄筌改正它。黄筌把画带回家去，废寝忘餐地看了几日，到底另画一本进呈。孟昶问他为什么不改，黄筌答道："道子所画，一身气力色貌，都在第二指，不在拇指，若把它改，便不成一件东西了。我这别本，一身气力，却都在拇指。"吴黄两幅画，可惜现在都失传，不能拿来比勘。但黄筌这番话，真是精到之极。我们看欧洲的名画名雕，也常常领略得一二。试想，画一个人，何以能全身气力，都赶到一个指头上，何以内行的人，一看便看得出来，那别部分的配置照应，当然有很严正的理法藏在里头，非有极明晰极致密的科学头脑恐怕画也画不成，看也看不到，这又是美术和科学不能分离的证据。

现在国内有志学问的人，都知道科学之重要，不能不说是学界极好的新气象，但还有一种误解，应该匡正，一般人总以为研究科学，必要先有一个极大的化验室，各种仪器具备，才能着手。化验室仪器，为研究科学最利便的工具，自无待言，但以为这种设备没有完成以前，就绝对的不能研究科学，那可大错了。须知仪器是科学的产物，科学不是仪器的产物。若说没有仪器便没有科学，试想欧洲没有仪器以前，科学怎么会跳出来？即如达温奇的时代，可有什么仪器呀，何以他能成为科学家不祧之祖？须知科学最大能事，不外善用你的五官和脑筋。五官脑筋，便是最复杂最灵妙的仪器。老实说一句，科学根本精神，全在养成观察力。养成观察力的法门，虽然很多，我想，没有比美术再直接了，因为美术家所以成功，全在观察"自然之美"。怎样才能看得出自然之美？最要紧是观察"自然之真"。能观察自然之真，不惟美术出来，连科学也出来了。所以美术可以算得科学的金钥匙。

我对于美术、科学都是门外汉，论理很不该饶舌，但我从历史上看来，觉得这两桩事确有"相得益彰"的作用，贵校是唯一的国立美术学校，它的任务，不但在养成校内一时的美术人才，还要把美育的基础，筑造得巩固，把美育的效率，发挥得加大。校中职教员学生诸君，既负此绝大责任，那么，目前的修养和将来的传述，都要从远者大者着想。我希望诸君，常常提起精神，把自己的观察力养得十分致密十分猛利十分深刻，并把自己体验得来的观察方法，传与其人，令一般人都能领会都能应用。孟子说："能与人规矩，不能使人巧。"遵用好的方法，能否便成一位大艺术家，这是属于"巧"的方面，要看各人的天才，就美术教育的任务说，最要紧是给被教育的人一个"规矩"，像中国旧话说的"可以意会，不可以言传"。那么，任凭各人乱碰上去也罢了，何必立这学校？若是拿几幅标本画临摹临摹，便算毕业，那么一个画匠犹为之，又何必借国家之力呢？我想国立美术学校的精神旨趣，当然不是如此，是要替美术界开辟出一条可以人人共由之路，而且令美术和别的学问可以相沟通相浚发，我希望中国将来有"科学化的美术"，有"美术化的科学"。我这种希望的实现，就靠贵校诸君。

1922 年 4 月 15 日北京美术学校讲演稿

美术与生活

诸君！我是不懂美术的人，本来不配在此讲演。但我虽然不懂美术，却十分感觉美术之必要。好在今日在座诸君，和我同一样的门外汉谅也不少。我并不是和懂美术的人讲美术，我是专要和不懂美术的人讲美术。因为人类固然不能个个都做供给美术的"美术家"，然而不可不个个都做享用美术的"美术人"。

"美术人"这三个字是我杜撰的，谅来诸君听着很不顺耳。但我确信"美"是人类生活一要素——或者还是各种要素中之最要者，倘若在生活全内容中把"美"的成分抽出，恐怕便活得不自在甚至活不成！中国向来非不讲美术——且还有很好的美术，但据多数人见解，总以为美术是一种奢侈品，从不肯和布帛菽粟一样看待，认为生活必需品之一。我觉得中国人生活之不能向上，大半由此。所以今日要标"美术与生活"这题，特和诸君商榷一回。

问人类生活于什么？我便一点不迟疑答道："生活于趣味。"这句话虽然不敢说把生活全内容包举无遗，最少也算把生活根芽道出。人若活得无趣，恐怕不活着还好些，而且勉强活也活不下去。人怎样会活得无趣呢？第一种，我叫它作石缝的生活。挤得紧紧的没有丝毫开拓余地；又好像披枷戴锁，永远走不出监牢一步。第二种，我叫它作沙漠的生活。干透了没有一毫润泽，板死了没有一毫变化；又好像蜡人一般，没有一点血色，又好像一株枯树，庾子山说的"此树婆娑，生意尽矣"。这种生活是否还能叫作生活，实属一个问题。所以我虽不敢说趣味便是生活，然而敢说没趣便不成生活。

趣味之必要既已如此，然则趣味之源泉在哪里呢？依我看有三种。

第一，对境之赏会与复现。人类任操何种卑下职业，任处何种烦劳境界，要之总有机会和自然之美相接触——所谓水流花放，云卷月明，美景良辰，赏心乐事。只要你在一刹那间领略出来，可以把一天的疲劳忽然恢复，把多少时的烦恼丢在九霄云外。倘若能把这些影像印在脑里头令它不时复现，每复现一回，亦可以发生与初次领略时同等或仅较差的效用。人类想在这种尘劳世界中得有趣味，这便是一条路。

第二，心态之抽出与印契。人类心理，凡遇着快乐的事，把快乐状态归拢一想，越想便越有味；或别人替我指点出来，我的快乐程度也增加。凡遇着苦痛的事，把苦痛倾筐倒箧吐露出来，或别人能够看出我苦痛替我说出，我的苦痛程度反会减少。不惟如此，看出说出别人的快乐，也增加我的快乐；替别人看出说出苦痛，也减少我的苦痛。这种道理，因为各人的心都有个微妙的所在，只要搔着痒处，便把微妙之门打开了。那种愉快，真是得未曾有，所以俗话叫作"开心"。我们要求趣味，这又是一条路。

第三，他界之冥构与蓦进。对于现在环境不满，是人类普通心理，其所以能进化者亦在此。就令没有什么不满，然而在同一环境之下生活久了，自然也会生厌。不满尽管不满，生厌尽管生厌，然而脱离不掉它，这便是苦恼根源。然则怎样救济法呢？肉体上的生活，虽然被现实的环境捆死了，精神上的生活，却常常对于环境宣告独立。或想到将来希望如何如何，或想到别个世界例如文学家的桃源、哲学家的乌托邦、宗教家的天堂净土如何如何，忽然间超越现实界闯入理想界去，便是那人的自由天地。我们欲求趣味，这又是一条路。

这三种趣味，无论何人都会发动的。但因各人感觉机关用得熟与不熟，以及外界帮助引起的机会有无多少，于是趣味享用之程度，生出无量差别。感觉器官敏则趣味增，感觉器官钝则趣味减；诱发机缘多则趣味强，诱发机缘少则趣味弱。专从事诱发以刺戟各人器官不使钝的有三种利器：一是文学，二是音乐，三是美术。

今专从美术讲：美术中最主要的一派，是描写自然之美，常常把我们所曾经赏会或像是曾经赏会的都复现出来。我们过去赏会的影子印在脑中，因时间之经过渐渐淡下去，终必有不能复现之一日，趣味也跟着消灭了。一幅名画在此，看一回便复现一回，这画存在，我的趣味便永远存在。不惟如此，还有许多我们从前不注意赏会不出的，他都写出来指导我们赏会的路，我们多看几次，便懂得赏会方法，往后碰着种种美境，我们也增加许多赏会资料了，这是美术给我们趣味的第一件。

美术中有刻画心态的一派，把人的心理看穿了，喜怒哀乐，都活跳在纸上。本来是日常习见的事，但因他写得惟妙惟肖，便不知不觉间把我们的心弦拨动，我快乐时看它便增加快乐，我苦痛时看它便减少苦痛，这是美术给我们趣味的第二件。

美术中有不写实境实态而纯凭理想构造成的。有时我们想构一境，自觉模糊断续不能构成，被他都替我表现了。而且他所构的境界种种色色有许多为我们所万想不到；而且他所构的境界优美高尚，能把我们卑下平凡的境界压下去。他有魔力，能引我们跟着他走，闯进他所到之地。我们看他的作品时，便和他同住一个超越的自由天地，这是美术给我们趣味的第三件。

要而论之，审美本能，是我们人人都有的。但感觉器官不常用或不会用，久而久之，麻木了。一个人麻木，那人便成了没趣的人。一民族麻木，那民族便成了没趣的民族。美术的功用，在把这种麻木状态恢复过来，令没趣变为有趣。换句话说，是把那渐渐坏掉了的爱美胃口，替它复原，令它常常吸收趣味的营养，以维持增进自己的生活康健。明白这种道理，便知美术这样东西在人类文化系统上该占何等位置了。

以上是专就一般人说。若就美术家自身说，他们的趣味生活，自然更与众不同了。他们的美感，比我们锐敏若干倍，正如《牡丹亭》说的"我常一生儿爱好是天然"。我们领略不着的趣味，他们都能领略。领略够了，终把些唾余分赠我们。分赠了我们，他们自己并没有一毫破费，正如老子说的"既以为人己愈有，既以与人己愈多"。假使"人生生活于趣味"这句话不错，他们的生活真是理想生活了。

今日的中国，一方面要多出些供给美术的美术家，一方面要普及养成享用美术的美术人。这两件事都是美术专门学校的责任。然而该怎样的督促赞助美术专门学校叫它完成这责任，又是教育界乃至一般市民的责任。我希望海内美术大家和我们不懂美术的门外汉各尽责任做去。

1922 年 8 月 13 日上海美术专门学校讲演稿

学问之趣味

　　我是个主张趣味主义的人：倘若用化学化分"梁启超"这件东西，把里头所含一种元素名叫"趣味"的抽出来，只怕所剩下仅有个"0"了。我以为，凡人必常常生活于趣味之中，生活才有价值。若哭丧着脸捱过几十年，那么，生命便成沙漠，要来何用？中国人见面最喜欢用的一句话："近来作何消遣？"这句话我听着便讨厌。话里的意思，好像生活得不耐烦了，几十年日子没有法子过，勉强找些事情来消他遣他。一个人若生活于这种状态之下，我劝他不如早日投海！我觉得天下万事万物都有趣味，我只嫌二十四点钟不能扩充到四十八点，不够我享用。我一年到头不肯歇息，问我忙什么？忙的是我的趣味。我以为这便是人生最合理的生活。我常常想运动别人也学我这样生活。

　　凡属趣味，我一概都承认它是好的。但怎么样才算"趣味"，不能不下一个注脚。我说："凡一件事做下去不会生出和趣味相反的结果的，这件事便可以为趣味的主体。"赌钱趣味吗？输了怎么样？吃酒趣味吗？病了怎么样？做官趣味吗？没有官做的时候怎么样？……诸如此类，虽然在短时间内像有趣味，结果会闹到俗语说的"没趣一齐来"，所以我们不能承认它是趣味。凡趣味的性质，总要以趣味始，以趣味终。所以能为趣味之主体者，莫如下列的几项：一，劳作；二，游戏；三，艺术；四，学问。

诸君听我这段话，切勿误会以为，我用道德观念来选择趣味。我不问德不德，只问趣不趣。我并不是因为赌钱不道德才排斥赌钱，因为赌钱的本质会闹到没趣，闹到没趣便破坏了我的趣味主义，所以排斥赌钱。我并不是因为学问是道德才提倡学问，因为学问的本质能够以趣味始以趣味终，最合于我的趣味主义条件，所以提倡学问。

学问的趣味，是怎么一回事呢？这句话我不能回答。凡趣味总要自己领略，自己未曾领略得到时，旁人没有法子告诉你。佛典说的："如人饮水，冷暖自知。"你问我这水怎样的冷，我便把所有形容词说尽，也形容不出给你听，除非你亲自喝一口。我这题目——学问之趣味，并不是要说学问如何如何的有趣味，只要如何如何便会尝得着学问的趣味。

诸君要尝学问的趣味吗？据我所经历过的有下列几条路应走。

第一，"无所为"。趣味主义最重要的条件是"无所为而为"。凡有所为而为的事，都是以别一件事为目的而以这件事为手段。为达目的起见勉强用手段，目的达到时，手段便抛却。例如学生为毕业证书而做学问，著作家为版权而做学问，这种做法，便是以学问为手段，便是有所为。有所为虽然有时也可以为引起趣味的一种方便，但到趣味真发生时，必定要和"所为者"脱离关系。你问我："为什么做学问？"我便答道："不为什么。"再问，我便答道："为学问而学问。"或者答道："为我的趣味。"诸君切勿以为我这些话掉弄虚机，人类合理的生活本来如此。小孩子为什么游戏？为游戏而游戏。人为什么生活？为生活而生活。为游戏而游戏，游戏便有趣；为体操分数而游戏，游戏便无趣。

第二，不息。"鸦片烟怎样会上瘾？""天天吃。""上瘾"这两个字，和"天天"这两个字是离不开的。凡人类的本能，只要那部分搁久了不用，它便会麻木会生锈。十年不跑路，两条腿一定会废了。每天跑一点钟，跑上几个月，一天不得跑时，腿便发痒。人类为理性的动物，"学问欲"原是固有本能之一种，只怕你出了学校便和学问告辞，把所有经管学问的器官一齐打落冷宫，把学问的胃弄坏了，便山珍海味摆在面前，也不愿意动筷子。诸君啊！诸君倘若现在从事教育事业或将来想从事教育事业，自然没有问题，很多机会来培养你学问胃口。若是做别的职业呢？我劝你每日除本业正当劳作之外，最少总要腾出一点钟，研究你所嗜好的学问。一点钟哪里不消耗了？千万别要错过，闹成"学问胃弱"的症候，白白自己剥夺了一种人类应享之特权啊！

第三，深入地研究。趣味总是慢慢地来，越引越多，像倒吃甘蔗，越往下才越得好处。假如你虽然每天定有一点钟做学问，但不过拿来消遣消遣，不带有研究精神，趣味便引不起来。或者今天研究这样明天研究那样，趣味还是引不起来。趣味总是藏在深处，你想得着，便要入去。这个门穿一穿，那个窗户张一张，再不会看见"宗庙之美，百官之富"。如何能有趣味？我方才说"研究你所嗜好的学问"，"嗜好"两个字很要紧。一个人受过相当的教育之后，无论如何，总有一两门学问和自己脾胃相合，而已经懂得大概可以作加工研究之预备的，请你就选定一门作为终生正业或作为本业劳作以外的副业。不怕范围窄，越窄越便于聚精神；不怕问题难，越难越便于鼓勇气。你只要肯一层一层往里面追，我保你一定被它引到"欲罢不能"的地步。

第四，找朋友。趣味比方电，越摩擦越出。前两段所说，是靠我本身和学问本身相摩擦，但仍恐怕我本身有时会停摆，发电力便弱了，所以常常要仰赖别人帮助。一个人总要有几位共事的朋友，同时还要有几位共学的朋友。共事的朋友，用来扶持我的职业；共学的朋友和共玩的朋友同一性质，都是用来摩擦我的趣味。这类朋友，能够和我同嗜好一种学问的自然最好，我便和他搭伙研究。即或不然——他有他的嗜好，我有我的嗜好，只要彼此都有研究精神，我和他常常在一块或常常通信，便不知不觉把彼此趣味都摩擦出来了。得着一两位这种朋友，便算人生大幸福之一。我想只要你肯找，断不会找不出来。

我说的这四件事，虽然像是老生常谈，但恐怕大多数人都不曾会这样做。唉！世上人多么可怜啊！有这种不假外求不会蚀本不会出毛病的趣味世界，竟自没有几个人肯来享受！古书说的故事"野人献曝"，我是尝冬天晒太阳的滋味尝得舒服透了，不忍一人独享，特地恭恭敬敬地来告诉诸君。诸君或者会欣然采纳吧？但我还有一句话：太阳虽好，总要诸君亲自去晒，旁人却替你晒不来。

1922 年 8 月 6 日南京东南大学讲演稿

为学与做人

　　诸君，我在南京讲学将近三个月了。这边苏州学界里头，有好几回写信邀我；可惜我在南京是天天有功课的，不能分身前来。今天到这里，能够和全城各校诸君聚在一堂，令我感激得很。但有一件，还要请诸君原谅，因为我一个月以来，都带着些病，勉强支持，今天不能作很长的讲演，恐怕有负诸君期望哩。

　　问诸君"为什么进学校"，我想人人都会众口一辞地答道："为的是求学问。"再问："你为什么要求学问？""你想学些什么？"恐怕各人的答案就很不相同，或者竟自答不出来了。诸君啊，我请替你们总答一句吧："为的是学做人！"你在学校里头学的什么数学、几何、物理、化学、生理、心理、历史、地理、国文、英语，乃至什么哲学、文学、科学、政治、法律、经济、教育、农业、工业、商业等等，不过是做人所需要的一种手段，不能说专靠这些便达到做人的目的。任凭你把这些件件学得精通，你能够成个人不能成个人还是别问题。

　　人类心理，有知、情、意三部分。这三部分圆满发达的状态，我们先哲名之为"三达德"——智、仁、勇。为什么叫作"达德"呢？因为这三件事是人类普通道德的标准。总要三件具备才能成一个人。三件的完成状态怎么样呢？孔子说："知者不惑，仁者不忧，勇者不惧。"所以教育应分为知育、情育、意育三方面。——现在讲的智育、德育、体育，不对。德育范围太笼统，体育范围太狭隘。——知育要教到人不惑，情育要教到人不忧，意育要教到人不惧。教育家教学生，应该以这三件为究竟；我们自动地自己教育自己，也应该以这三件为究竟。

怎么样才能不惑呢？最要紧是养成我们的判断力。想要养成判断力，第一步，最少须有相当的常识。进一步，对于自己要做的事须有专门智识。再进一步，还要有遇事能断的智慧。假如一个人连常识都没有，听见打雷，说是雷公发威；看见月蚀，说是虾蟆贪嘴。那么，一定闹到什么事都没有主意，碰着一点疑难问题，就靠求神问卜看相算命去解决。真所谓"大惑不解"，成了最可怜的人了。学校里小学中学所教，就是要人有了许多基本的常识，免得凡事都暗中摸索。但仅仅有这点常识还不够。我们做人，总要各有一件专门职业。这门职业，也并不是我一人破天荒去做，从前已经许多人做过。他们积了无数经验，发现出好些原理原则，这就是专门学识。我打算做这项职业，就应该有这项专门学识。例如我想做农吗？怎样的改良土壤，怎样的改良种子，怎样的防御水旱病虫等等，都是前人经验有得成为学识的。我们有了这种学识，应用它来处置这些事，自然会不惑；反是则惑了。做工做商等等都各各有它的专门学识，也是如此。我想做财政家吗？何种租税可以生出何样结果，何种公债可以生出何样结果等等，都是前人经验有得成为学识的。我们有了这种学识，应用它来处置这些事，自然会不惑；反是则惑了。教育家、军事家等等都各各有他的专门学识，也是如此。我们在高等以上学校所求的智识，就是这一类。但专靠这种常识和学识就够吗？还不能。宇宙和人生是活的不是呆的，我们每日所碰见的事理是复杂的变化的不是单纯的印板的。倘若我们只是学过这一件才懂这一件，那么，碰着一件没有学过的事来到跟前，便手忙脚乱了。所以还要养成总体的智慧才能得有根本的判断力。这种总体的智慧如何才能养成呢？第一件，要把我们向来粗浮的脑筋，着实磨炼它，叫它变成细密而且踏实。那么，无论遇着如何繁难的事，我都可以彻头彻尾想清楚它的条理，自然不至于惑了。第二件，要把我们向来混浊的脑筋，着实将养它，叫它变成清明。那么，一件事理到跟前，我才能很从容很莹澈地去判断它，自然不至于惑了。以上所说常识学识和总体的智慧，都是智育的要件。目的是教人做到知者不惑。

怎么样才能不忧呢？为什么仁者便会不忧呢？想明白这个道理，先要知道中国先哲的人生观是怎么样。"仁"之一字，儒家人生观的全体大用都包在里头。"仁"到底是什么？很难用言语说明。勉强下个解释，可以说是"普遍人格之实现"。孔子说："仁者人也。"意思说是人格完成就叫作"仁"。但我们要知道：人格不是单独一个人可以表现的，要从人和人的关系上看出来。所以"仁"字从"二人"，郑康成解它作"相人偶"。总而言之，要彼我交感互发，成为一体，然后我的人格才能实现。所以我们若不讲人格主义，那便无话可说。讲到这个主义，当然归宿到普遍人格。换句话说：宇宙即是人生，人生即是宇宙，我的人格，和宇宙无二无别。体验得这个道理，就叫作"仁者"。然则这种仁者为什么就会不忧呢？大凡忧之所从来，不外两端，一曰忧成败，二曰忧得失。我们得着"仁"的人生观，就不会忧成败。为什么呢？因为我们知道宇宙和人生是永远不会圆满的，所以《易经》六十四卦，始"乾"而终"未济"。正为在这永远不圆满的宇宙中，才永远容得我们创造进化。我们所做的事，不过在宇宙进化几万万里的长途中，往前挪一寸两寸，哪里配说成功呢？然则不做怎么样呢？不做便连这一寸两寸都不往前挪，那可真真失败了。"仁者"看透这种道理，信得过只有不做事才算失败，肯做事便不会失败。所以《易经》说："君子以自强不息。"换一方面来看，他们又信得过凡事不会成功的，几万万里路挪了一两寸，算成功吗？所以《论语》说："知其不可而为之。"你想，有这种人生观的人，还有什么成败可忧呢？再者，我们得着"仁"的人生观，便不会忧得失。为什么呢？因为认定这件东西是我的，才有得失之可言。连人格都不是单独存在，不能明确地划出这一部分是我的，那一部分是人家的。然则哪里有东西可以为我所得？既已没有东西为我所得，当然也没有东西为我所失。我只是为学问而学问，为劳动而劳动，并不是拿学问劳动等等做手段来达某种目的——可以为我们"所得"的。所以老子说："生而不有，为而不恃；""既以为人己愈有，既以与人己愈多。"你想，有这种人生观的人，还有什么得失可忧呢？总而言之，有了这种人生观，自然会觉得"天地与我并生，而万物与我为一"，自然会"无入而不自得"。他的生活，纯然是趣味化、艺术化。这是最高的情感教育，目的教人做到仁者不忧。

怎么样才能不惧呢？有了不惑不忧工夫，惧当然会减少许多了。但这是属于意志方面的事。一个人若是意志力薄弱，便有很丰富的智识，临时也会用不着，便有很优美的情操，临时也会变了卦。然则意志怎么才会坚强呢？头一件须要心地光明。孟子说："浩然之气，至大至刚。行有不慊于心，则馁矣。"又说："自反而不缩，虽褐宽博，吾不惴焉；自反而缩，虽千万人，吾

往矣。"俗语说得好："生平不做亏心事，夜半敲门也不惊。"一个
人要保持勇气，须要从一切行为可以公开做起，这是第一着。第
二件要不为劣等欲望之所牵制。《论语》记："子曰：'吾未见刚
者。'或对曰：'申枨。'子曰：'枨也欲，焉得刚？'"一被物质上
无聊的嗜欲东拉西扯，那么，百炼刚也会变为绕指柔了。总之一
个人的意志，由刚强变为薄弱极易，由薄弱返到刚强极难。一个
人有了意志薄弱的毛病，这个人可就完了。自己做不起自己的主，
还有什么事可做？受别人压制，做别人奴隶，自己只要肯奋斗，
终须能恢复自由。自己的意志做了自己情欲的奴隶，那么，真是
万劫沉沦，永无恢复自由的余地，终生畏首畏尾，成了个可怜人
了。孔子说："和而不流，强哉矫；中立而不倚，强哉矫；国有
道，不变塞焉，强哉矫；国无道，至死不变，强哉矫。"我老实告
诉诸君说吧，做人不做到如此，决不会成一个人。但做到如此真
是不容易，非时时刻刻做磨炼意志的工夫不可。意志磨炼得到家，
自然是看着自己应做的事，一点不迟疑，扛起来便做，"虽千万人
吾往矣"。这样才算顶天立地做一世人，绝不会有藏头躲尾左支
右绌的丑态。这便是意育的目的，要教人做到勇者不惧。

　　我们拿这三件事作做人的标准。请诸君想想，我自己现时做
到哪一件——哪一件稍为有一点把握。倘若连一件都不能做到，
连一点把握都没有，哎哟，那可真危险了！你将来做人恐怕就做
不成。讲到学校里的教育吗？第二层的情育、第三层的意育，可
以说完全没有，剩下的只有第一层的知育。就算知育罢，又只有
所谓常识和学识，至于我所讲的总体智慧靠来养成根本判断力
的，却是一点儿也没有。这种"贩卖智识杂货店"的教育，把
他前途想下去，真令人不寒而栗！现在这种教育，一时又改革

不来，我们可爱的青年，除了它更没有可以受教育的地方。诸君啊！你到底还要做人不要？你要知道危险呀！非你自己抖擞精神想方法自救，没有人能救你呀！

诸君啊！你千万别要以为得些断片的智识，就算是有学问呀。我老实不客气告诉你吧，你如果做成一个人，智识自然是越多越好；你如果做不成一个人，智识却是越多越坏。你不信吗？试想想全国人所唾骂的卖国贼某人某人，是有智识的呀，还是没有智识的呢？试想想全国人所痛恨的官僚政客——专门助军阀作恶、鱼肉良民的人，是有智识的呀，还是没有智识的呢？诸君须知道啊：这些人当十几年前在学校的时代，意气横厉，天真烂漫，何尝不和诸君一样？为什么就会堕落到这样田地呀？屈原说的："何昔日之芳草兮，今直为此萧艾也！岂其有他故兮，莫好修之害也。"天下最伤心的事，莫过于看着一群好好的青年，一步一步往坏路上走。诸君猛醒啊！现在你所厌所恨的人，就是你前车之鉴了。

诸君啊！你现在怀疑吗？沉闷吗？悲哀痛苦吗？觉得外边的压迫你不能抵抗吗？我告诉你：你怀疑和沉闷，便是你因不知才会惑。你悲哀痛苦，便是你因不仁才会忧。你觉得你不能抵抗外界的压迫，便是你因不勇才有惧。这都是你的知情意未经过修养磨炼，所以还未成个人。我盼望你有痛切的自觉啊！有了自觉，自然会自动。那么，学校之外，当然有许多学问，读一卷经，翻一部史，到处都可以发现诸君的良师呀！

诸君啊！醒醒罢！养足你的根本智慧，体验出你的人格、人生观，保护好你的自由意志。你成人不成人，就看这几年哩！

1922 年 12 月 27 日苏州学生联合会讲演稿

第二辑　给孩子们书

给孩子们书

1925 年 8 月 3 日

对岸大群孩子们：

我们来北戴河已两星期了，这里的纬度和阿图利差不多。来后刚碰着雨季，天气很凉，穿夹的时候很多，舒服得很，但下起雨来，觉得有些潮闷罢了。

我每天总是七点钟以前便起床，晚上睡觉没有过十一点以后，中午稍为憩睡半点钟。酒没有带来，故一滴不饮。天晴便下海去，每日多则两次，少则一次。散步时候也很多，脸上手上都晒成黑漆了。

本来是应休息，不打算做什么功课，但每天读的书还是不少，著述也没有间断。每天四点钟以后便打打牌，和"老白鼻"玩玩，绝不用心。所以一上床便睡着，从没有熬夜的事。

我向来写信给你们都是在晚上，现在因为晚上不执笔，所以半个月竟未曾写一封信，谅来忠忠们去的信也不少了。

庄庄跟着驼姑娘补习功课，好极了，我想不惟学问有长进，还可以练习许多实务，我们听见都喜欢得了不得。

庄庄学费每年七百美金便够了吗？今年那份，我回去替他另折存储起来。今年家计总算很宽裕，除中原公司外，各种股份利息都还照常，执政府每月八百元夫马费，已送过半年，现在还不断。商务印书馆售书费两节共收到将五千元。从本月起清华每月有四百元。预计除去各种临时支出——一如办葬事，修屋顶，及寄美洲千元等——之外，或者尚有数余，我便将庄庄这笔提出。（今年不用，留到他留学最末的那年给他。）便是达达、司马懿①、六六②的游学费，我也想采纳你的条陈，预早（从明年）替他们储蓄些，但须看力量如何才来定多少。至于"老白鼻"那份，我打算不管了，到他出洋留学的时候，他有恁么多姊姊哥哥，还怕供给他不起吗？

坟园工程已择定八月十六日动工了，一切托你二叔照管。昨天正把图样工料价格各清单寄来商量。若坟内用石门四扇，（双圹，连我的生圹合计）则共需千二百余元（连围墙工料在内）；若不用石门，只用砖墙堵住洞口，则六百余元便够。我想四围用"塞门德"灰泥，底下用石床，洞口用砖也够坚固了。四扇石门价增一倍，实属糜费，已经回信你二叔不用石门了。如此则连买地葬仪种种合计二千元尽够了，你们意思如何？若不以为然，可立即回信，好在葬期总在两个月后，便加增也来得及。

我打算作一篇小小的墓志铭，自作自写，埋在圹中，另外请陈伯严先生作一篇墓碑文，请姚茫父写，写好藏起，等你们回来后才刻石树立。因为坟园外部的工程，打算等思成回来布置才好。

现在有一件事和希哲、思顺商量：我们现在北戴河借住的是章仲和的房子，他要出卖，索价万一千，大约一万便可得，他的

----

① 司马懿：梁启超对梁思懿的戏称。

② 六六：梁启超对梁思宁的称呼。

房子在东山，据说十亩有零的面积。但据我们看来像不止此数：房子门前直临海滨，地点极好，为海浴计，比西山好多了。西山那边因为中国人争买，地价很高，东山这边都是外国人房子，中国人只有三家，靠海滨的地，须千元以上一亩，还没有肯让。仲和这个房子，工科还坚固，可住的房子有八间，开间皆甚大。若在现时新建，只怕六千元还盖不起。家具也齐备坚实，新置恐亦须千五百元以上，现在各项虽旧，最少亦还有十多年好用。若将房子家具作五千元计，那么地价只合五千元，合不到五百元一亩，总算便宜极了。我想我们生活根据地既在京津一带，北戴河有所房子，每年来住几个月于身体上精神上都有益。仲和初买来时费八千元，现在他忙着钱用，所以要卖，将来地价必涨，我们若转卖也不致亏本。所以我很想买他。但现在家计情形勉强对付，五千元认点利息也还可以，一万元便太吃力了。所以想和你们搭伙平分，你们若愿意，我便把它留下。

房子在高坡上，须下三十五级阶石才到平地。那平地原有一个打球场，面积约比我们天津两院合计一样大。我们买过来之后，将来若有余钱，可以在那里再盖一所房子。思成回来便可以拿做试验品。我想思成、徽音听见一定高兴。

瞻儿有人请写对子，斐儿又会讲书，真是了不得，照这样下去，不久就要比公公学问还高了。你们要什么奖品呢？快写信来，公公就寄去。

达达快会凫水了，做三姊的若还不会，仔细他笑你哩！

老白鼻来北戴河，前几天就把"鸦片烟"戒了，一声也没有哭过，真是乖。但他至今还不敢下海，大约是怕冷罢。

三姊白了许多，小白鼻红了许多，老白鼻却黑了许多了。昨

天把秃瓜瓜越发剃得秃。三姊听见又要怄气了。今天把亲家送的
丝袜穿上，有人问他"亲家送的袜子"，他便卷起脚来，他这几
天学得专要在地下跑（扶着我的手杖充老头），恐怕不到两天便
变成泥袜了。

现在已到打牌时候，不写了。

爹爹　八月三日

思成、思永到底来了没有？若他们不能越境，连我也替你们
双方着急。

给孩子们书

1925 年 9 月 13 日

孩子们：

前日得思成八月十三日，思永十二日信，今日得思顺八月四日及十二日两信，庄庄给忠忠的信也同时到，成、永此时想已回美了，我很着急，不知永去得成去不成，等下次信就揭晓了。

我搬到清华已经五日了（住北院教员住宅第二号）。因此次乃自己租房住，不受校中供应，王姑娘^①又未来（因待送司马懿入学），廷灿^②又围困在广东至今未到，我独自一人住着不便极了。昨天大伤风（连夜不甚睡得着），有点发烧，想洗热水澡也没有，找如意油、甘露茶也没有，颇觉狼狈，今日已渐好了。王姨大约一二日也来了，以后便长住校中，你们来信可直寄此间，不必由天津转了。

校课甚忙——大半也是我自己找着忙——我很觉忙得有兴会。新编的讲义极繁难，费的脑力真不少。盼望老白鼻快来，每天给我舒散舒散。

葬期距今仅有二十天了。你二叔在山上住了将近一月，以后

---

① 王姑娘：也称王姨，即梁启超的偏房夫人王桂荃。

② 延灿：即梁延灿，梁启超的族侄。

还须住一月有奇，住在一个小馆子内，菜也吃不得，每天跑三十里路，大烈日里在坟上监工。从明天起搬往香山见心斋住（稍为舒服点），但离坟更远，跑路更多了。这等事本来是成、永们该做的，现在都在远，忠忠又为校课所追，不能效一点劳，倘若没有这位慈爱的叔叔，真不知如何办得下去。我打算到下葬后，叫忠忠们向二叔磕几头叩谢。你们虽在远，也要各个写一封信，恳切陈谢（庄庄也该写），谅来成、永写信给二叔更少。这种子弟之礼，是要常常在意的，才算我们家的乖孩子。

厨子事等王姨来了再商量。现在清华电灯快灭了，我试上床去，看今晚睡得着不。晚饭后用脑，便睡不着，奈何、奈何。

民国十四年九月十三日

致孩子们书

1925 年 11 月 9 日

　　国内近来乱事想早知道了，这回怕很不容易结束，现在不过才发端哩。因为百里在南边（他实是最有力的主动者），所以我受的嫌疑很重，城里头对于我的谣言很多，一会又说我到上海（报纸上已不少，私人揣测更多），一会又说我到汉口。尤为奇怪者，林叔叔很说我闲话，说我不该听百里们胡闹，真是可笑。儿子长大了，老子也没有法干涉他们的行动，何况门生？即如宗孟去年的行动，我并不赞成，然而外人看着也许要说我暗中主使，我从哪里分辩呢？外人无足怪，宗孟很可以拿己身作比例，何至怪到我头上呢？总之，宗孟自己走的路太窄，成了老鼠入牛角，转不过身来，一年来已很痛苦，现在更甚。因为二十年来的朋友，这一年内都分疏了，他心里想来非常难过，所以神经过敏，易发牢骚，本也难怪，但觉得可怜罢了。

　　国事前途仍无一线光明希望。百里这回卖怎么大气力（许多朋友亦被他牵在里头），真不值得（北洋军阀如何能合作）。依我看来，也是不会成功的。现在他与人共事正在患难之中，也万无劝他抽身之理，只望他到一个段落时，急流勇退，留着身子，为将来之用。他的计划像也是如此。

　　我对于政治上责任固不敢放弃（近来愈感觉不容不引为己

任），故虽以近来讲学，百忙中关于政治上的论文和演说也不少（你们在《晨报》和《清华周刊》上可以看见一部分），但时机总未到，现在只好切实下预备工夫便了。

葬事共用去三千余金。葬毕后忽然看见有两个旧碑很便宜，已经把它买下来了。那碑是一种名叫汉白玉的，石高一丈三，阔六尺四，厚一尺六，驮碑的两只石龟长九尺，高六尺。新买总要六千元以上，我们花六百四十元，便买来了。初买得来很高兴，及至商量搬运，乃知丫头价钱比小姐阔得多。碑共四件，每件要九十匹骡才拖得动，拖三日才能拖到，又卸下来及竖起来，都要费莫大工程，把我们吓杀了。你二叔大大地埋怨自己，说是老不更事，后来结果花了七百多块钱把它拖来，但没有竖起，将来竖起还要花千把几百块。现在连买碑共用去四千五百余，存钱完全用光，你二叔还垫出八百余元。他从前借我的钱，修南长街房子，尚余一千多未还，他看见我紧，便还出这部分。我说你二叔这回为葬事，已经尽心竭力，他光景亦不佳，何必汲汲，日内如有钱收入，我打算仍还他再说。

今年很不该买北戴河房子，现在弄到非常之窘，但仍没有在兴业透支。现在在清华住着很省俭，四百元薪水还用不完，年底卖书有收入，便可以还二叔了。日内也许要兼一项职务，月可有五六百元收入，家计更不至缺乏。

现在情形，在京有固定职务，一年中不走一趟天津，房子封锁在那边殊不妥（前月着贼，王姨得信回去一趟。但失的不值钱的旧衣服），我打算在京租一屋，把书籍东西全份搬来，便连旧房子也出租，或者并将新房子卖去，在京另买一间。你们意思如何？

思成体子复元，听见异常高兴，但食用如此俭薄，全无滋养料，如何要得。我决定每年寄他五百美金左右，分数次寄去。日内先寄中国银二百元，收到后留下二十元美金给庄庄零用，余下的便寄思成去。

思顺所收薪水公费，能敷开销，也算好了，我以为还要赔呢。你们夫妇此行，总算替我了两桩心事：第一件把思庄带去留学，第二件给思成精神上的一大安慰。这两件事有补于家里真不少。何况桂儿姊弟亦得留学机会，顺自己还能求学呢。一二年后调补较好的缺，亦意中事，现在总要知足才好。留支薪俸若要用时，我立刻可以寄去，不必忧虑。

待文杏如此，甚好甚好。这才是我们忠厚家风哩。

廷灿今春已来。他现在有五十元收入，勉强敷用，还能积存些。你七叔 ① 明年或可以做我一门功课的助教，月得百元内外。

现在四间半屋子挤得满满的。我卧房一间，书房一间，王姨占一间，七叔便住在饭厅，阿时和六六住半间，倒很热闹。老白鼻病了四五天，全家都感寂寞，现在全好了，每天拿着亲家相片叫家家，将来见面一定只知道这位是亲家了。

爹爹 十一月九日

---

① 七叔：即梁启雄。

给孩子们书

1926 年 2 月 9 日

你们寒假时的信，先后收到了。海马帽昨日亦到，漂亮极了，我立刻就戴着出门。不戴怕过两日就天暖了，要到今冬才得戴。

今日是旧历十二月二十七了。过两天我们就回南长街过新年，达达、司马懿都早已放假来京了。过年虽没有前几年热闹，但有老白鼻凑趣，也还将就得过去。

我的病还是那样，前两礼拜已见好了。王姨去天津，我便没有去看。又很费心造了一张《先秦学术年表》，于是小便又再红起来，被克礼很抱怨一会儿，一定要我去住医院，没奈何只得过年后去关几天！朋友们都劝我在学校里放一两个月假，我看住院后如何再说，其实我这病一点苦痛也没有，精神体气一切如常，只要小便时闭着眼睛不看，便什么事都没有，我觉得殊无理会之必要。

庄庄暑假后进皇后大学最好，全家都变成美国风实在有点讨厌，所以庄庄能在美国以外的大学一两年是最好不过的。今年家计还不致困难，除中原公司外，别的股份都还好，你们不必担心。

小白鼻真乖，居然认得许多字，老白鼻一天到黑"手不释卷"，你们爷儿俩都变成书呆子了。

民国十五年二月九日

菲律宾来单一张寄去。

给孩子们书

1926 年 2 月 18 日

　　我从昨天起被关在医院里了。看这神气三两天内还不能出院，因为医生还没有找出病源来。我精神奕奕，毫无所苦。医生劝今多仰趴不许用心，真闷煞人。（以上正月初四写。）

　　入医院今已第四日了，医生说是膀胱中长一疙瘩，用折光镜从溺道中插入检查，颇痛苦，但我对此说颇怀疑，因此病已逾半年，小便从无苦痛，不似膀胱中有病也。已照过两次，尚未检出，检出后或须用手术。现已电唐天如速来。但道路梗塞，非半月后不能到。我意非万不得已不用手术，因用麻药后，体子终不免吃亏也。

　　阳历新年前后顺、庄各信次第收到。庄庄成绩如此，我很满足了。因为你原是提高一年，和那按级递升的洋孩子们竞争，能在三十七人考到第十六，真亏你了：好乖乖，不必着急，只须用相当的努力便好了。

　　寄过两回钱，共一千五百元，想已收。日内打算再汇二千元。大约思成和庄庄本年费用总够了，思永转学后谅来总须补助些，需用多少即告我。徽音本年需若干，亦告我，当一齐筹来。

　　庄庄该用的钱就用，不必太过节省。爹爹是知道你不会乱花钱的，再不会因为你用钱多生气的。思成饮食上尤不可太刻苦，前几天见着君劢的弟弟，他说思成像是滋养品不够，脸色很憔悴。你知道爹爹常常记挂你，这一点你要令爹爹安慰才好。

徽音怎么样？我前月有很长的信去开解他，我盼望他能领会我的意思。"人之生也，与忧患俱来，知其无可奈何，而安之若命，是立身第一要诀。"思成、徽音性情皆近狷急，我生怕他们受此刺激后，于身体上精神上皆生不良的影响。他们总要努力镇慑自己，免令老人担心才好。

我这回的病总是太大意了，若是早点医治，总不致如此麻烦。但病总是不要紧的，这信到时，大概当已痊愈了。但在学堂里总须放三两个月假，觉得有点对不住学生们罢了。

前几天在城里过年，很热闹，我把南长街满屋子都贴起春联来了。

军阀们的仗还是打得一塌糊涂。王姨今早上送达达回天津，下半天听说京津路又不通了（不知确否），若把他关在天津，真要急杀他了。

民国十五年二月十八日

给孩子们书

1926 年 2 月 27 日

孩子们：

　　我住医院忽忽两星期了，你们看见七叔信上所录二叔笔记，一定又着急又心疼，尤其是庄庄只怕急得要哭了。忠忠真没出息，他在旁边看着出了一身大汗，随后着点凉，回学校后竟病了几天，这样胆子小，还说当大将呢。那天王姨送达达回天津没有在旁，不然也许要急出病来。其实用那点手术，并没什么痛苦，受麻药过后也没有吐，也没有发热，第二天就和常人一样了。检查结果，即是膀胱里无病，于是医生当作血管破裂（极细的）医治，每日劝多卧少动作，说"安静是第一良药"。两三天以来，颇见起色，惟血尚未能尽止（比以前好多了），而每日来看病的人络绎不绝，因各报皆登载我在德医院，除《晨报》外。实际上反增劳碌。我很想立刻出院，克礼说再住一礼拜才放我，只好忍耐着。许多中国医生说这病很寻常，只须几服药便好。我打算出院后试一试，或奏奇效，亦未可知。

　　天如回电不能来，劝我到上海，我想他在吴佩孚处太久，此时来北京，诚有不便，打算吃谭涤安的药罢了。

　　忠忠、达达都已上学去，惟思懿原定三月一号上学，现在京津路又不通了，只好留在清华。他们常常入城看我，但城里流行病极多（廷灿染春瘟病极重），恐受传染，今天已驱逐他们都回清华了，惟王姨还常常来看（二叔、七叔在此天天来看），其实什么病都没有，并不须人招呼，家里人来看亦不过说说笑笑罢了。

前两天徽音有电来，请求彼家眷属留京（或彼立归国云云），得电后王姨亲往见其母，其母说回闽属既定之事实，日内便行（大约三五日便动身），彼回来亦不能料理家事，切嘱安心求学云云。他的叔叔说十二月十五（旧历）有长信报告情形，他得信后当可安心云云。我看他的叔叔很好，一定能令他母亲和他的弟妹都得所。他还是令他自己学问告一段落为是。

却是思成学课怕要稍为变更。他本来想思忠学工程，将来和他合作。现在忠忠既走别的路，他所学单纯是美术建筑，回来是否适于谋生，怕是一问题。我的计划，本来你们姊妹弟兄个个结婚后都跟着我在家里三几年，等到生计完全自立后，再实行创造新家庭。但现在情形，思成结婚后不能不迎养徽音之母，立刻便须自立门户，这便困难多了，所以生计问题，刻不容缓。我从前希望他学都市设计，只怕缓不济急。他毕业后转学建筑工程，何如？我对专门学科情形不熟，思成可细细审度，回我一信。

我所望于思永、思庄者，在将来做我助手。第一件，我做的中国史非一人之力所能成，望他们在我指导之下，帮我工作。第二件，把我工作的结果译成外国文。永、庄两人当专作这种预备。

民国十五年二月二十七日

给孩子们书

1926 年 9 月 4 日

孩子们：

今天接顺儿八月四日信，内附庄庄由费城去信，高兴得很。尤可喜者，是徽音待庄庄那种亲热，真是天真烂熳好孩子。庄庄多走些地方（独立的），多认识些朋友，性质格外活泼些，甚好甚好。但择交是最要紧的事，宜慎重留意，不可和轻浮的人多亲近。庄庄以后离开家庭渐渐的远，要常常注意这一点。大学考上没有？我天天盼这个信，谅来不久也到了。

忠忠到美，想你们兄弟姊妹会在一块儿，一定高兴得很，有什么有趣的新闻，讲给我听。

我的病从前天起又好了，因为碰着四姑的事，病翻了五天（五天内服药无效），这两天哀痛过了，药又得力了。昨日已不红，今日很清了，只要没有别事刺激，再养几时，完全断根就好了。

四姑的事，我不但伤悼四姑，因为细婆^①太难受了，令我伤心。现在祖父祖母都久已弃养，我对于先人的一点孝心，只好寄在细婆身上，千辛万苦，请了出来，就令他老人家遇着绝对不能

---

① 细婆：即梁启超的继母。

宽解的事（怕的是生病），怎么好呢？这几天全家人合力劝慰他，哀痛也减了好些，过几日就全家入京去了。清华八日开学，我六日便入京，在京城里还有许多事要料理，王姨和细婆等迟一个礼拜乃去。

思永两个月没有信来，他娘很记挂，屡屡说："想是冲气吧。"我想断未必，但不知何故没有信。你从前来信说不是悲观，也不是精神异状，我很信得过是如此，但到底是年轻学养未到，我因久不得信，也不能不有点担心了。

国事局面大变，将来未知所届，我病全好之后，对于政治不能不痛发言论了。

民国十五年九月四日

给孩子们书

1926 年 9 月 14 日

孩子们：

我本月六日入京，七日到清华，八日应开学礼讲演，当日入城，在城中住五日，十三日返清华。王姨奉细婆亦已是日从天津来，我即偕同王姨、阿时、老白鼻同到清华。此后每星期大抵须在城中两日，余日皆在清华。北院二号之屋（日内将迁居一号）只四人住着，很清静。

此后严定节制，每星期上堂讲授仅二小时，接见学生仅八小时，平均每日费在学校的时刻，不过一小时多点。又拟不编讲义，且暂时不执笔属文，决意过半年后再作道理。

我的病又完全好清楚，已经十日没有复发了。在南长街住那几天，你二叔天天将小便留下来看，他说颜色比他的还好，他的还像普洱茶，我的简直像雨前龙井了。自服天如先生药后之十天，本来已经是这样，中间遇你四姑之丧，陡然复发，发得很厉害。那时刚刚碰着伍连德到津，拿小便给他看，他说"这病绝对不能不理会"，他入京当向协和及克礼等详细探索实情云云。五日前在京会着他，他已探听明白了。他再见时，尿色已清，他看着很赞叹中药之神妙（他本来不鄙薄中药），他把药方抄去。天如之方以黄连、玉桂、阿胶三药为主。近闻有别位名医说，敢将黄连和玉桂合在一方，其人必是名医云云。他说很对很对，劝再服下去。他说本病就一意靠中药疗治便是了。却是因手术所发生的影响，最当注意。他已证明手术是协和孟浪错误了，割掉的右肾，他已看过，并没有丝毫病态，他很责备协和粗忽，以人命为儿戏，协和已自承认了。这病根本是内科，不是外科。在手术前克礼、力舒东、山本乃至协和都从外科方面研究，实是误入歧途。但据连德的诊断，也不是所谓"无理由出血"，乃是一种轻微肾炎。西药并不是不能医，但很难求速效，所以他对于中医之用黄连和玉桂，觉得很有道理。但他对于手术善后问题，向我下很严重的警告。他说割掉一个肾，情节很是重大，必须俟左肾慢慢生长，长到大能完全兼代右肾的权能，才算复原。他说"当这内部生理大变化时期中（一种革命的变化），左肾极吃力，极辛苦，极娇嫩，易出毛病，非十分小心保护不可。惟一的戒令，是节劳一切工作，最多只能做从前一半，吃东西要清淡些……"等等。我问他什么时候才能生长完成？他说"没有一定，要看本来体气强弱及保养得宜与否，但在普通体气的人，总要一年"云云。他叫我每星期验一回小便（不管色红与否），验一回血压，随时报告他，再经半年才可放心云云。连德这番话，我听着很高兴。我从前很想知道右肾实在有病没有，若右肾实有病，那么不是便血的原因，便是便血的结果。既割掉而血不止，当然不是原因了。若是结果，便更可怕，万一再流血一两年，左肾也得同样结果，岂不糟吗。我屡次探协和确实消息，他们为护短起见，总说右肾是有病（部分腐坏），现在连德才证明他们的谎话了。我却真放心了，所以连德忠告我的话，我总努力自己节制自己，一切依他而行（一切劳作比从前折半）。

　　但最近于清华以外，忽然又发生一件职务，令我欲谢而不能，又已经答应了。这件事因为这回法权会议的结果，意外良好，各国代表的共同报告书，已承诺撤回领事裁判权，只等我们分区实行。但我们却有点着急了，不能不加工努力。现在为切实预备计，立刻要办两件事：一是继续修订法律，赶紧颁布；二是培养司法人才，预备"审洋鬼子"。头一件要王亮俦担任。第二件要我担任（名曰司法储才馆）。我入京前一礼拜，亮俦和罗钧任几次来信来电话，催我入京。我到京一下车，他们两个便跑来南长街，不由分说，责以大义，要我立刻允诺。这件事关系如此重大，全国人渴望已非一日，我还有甚么话可以推辞，当下便答应了。现在只等法权会议签字后（本礼拜签字），便发表开办了。经费呢每月有万余元，确实收入可以不必操心。在关税项下每年拨十万元，学费收入约四万元。但创办一学校事情何等烦重，在静养中当然是很不相宜；但机会迫在目前，责任压在肩上，有何法逃避呢？好在我向来办事专在"求好副手"。上月工夫我现在已得着一个人替我全权办理，这个人我提出来，亮俦、钧任们都拍手，谅来你们听见也大拍手。其人为谁？林宰平便是。他是司法部的老司长，法学湛深，才具开展，心思致密，这是人人共知的。他和我的关系，与蒋百里，蹇季常相仿佛，他对于我委托的事，其万分忠实，自无待言。储才馆这件事，他也认为必要的急务，我的身体要静养，又是他所强硬主张的（他屡主张我在清华停职一年），所以我找他出来，他简直无片词可以推托，政府原定章程，是"馆长总揽全馆事务"。我要求增设一副馆长，但宰平不肯居此名，结果改为学长兼教务长。你二叔当总务长兼会计。我用了这两个人，便可以"卧而治之"了。初办时教员职员之聘任，当然要我筹划，现在亦已大略就绪。教员方面因为经费充足，兼之我平日交情关系，能网罗第一等人才，如王亮侪、刘崧生等皆来担任功课，将来一定声光很好。职员方面，初办时大大小小共用二十人内外，一面为事择人，一面为人择事，你十五舅和曼宣都用为秘书（月薪百六十元，一文不欠），乃至你姑丈（六十元津贴）及黑二爷（二十五元）都点缀到了。藻孙若愿意回北京，我也可以给他二百元的事去办。我比较撙节地制成个预算，每月尚敷余三千至四千。大概这件事我当初办时，虽不免一两月劳苦，以后便可以清闲了。你们听见了不必忧虑。这一两个月却工作不轻，研究院新生有三十余人，加以筹划此事，恐对于伍连德的话，须缓期实行。

做首长的人，"劳于用人而逸于治事"，这句格言真有价值。我去年任图书馆长以来，得了李仲揆及袁守和任副馆长及图书部长，外面有范静生替我帮忙，我真是行所无事。我自从入医院后（从入德医院起）从没有到馆一天，忠忠是知道的。这回我入京到馆两个半钟头，他们把大半年办事的记录和表册等给我看，我于半年多大大小小的事都了然了。真办得好，真对得我住！杨鼎甫、蒋慰堂二人从七月一日起到馆，他们在馆办了两个月事，兴高采烈，觉得全馆朝气盎然，为各机关所未有，虽然薪水微薄（每人每月百元），他们都高兴得很，我信得过宰平替我主持储才馆，亮侪在外面替我帮忙也和范静生之在图书馆差不多。将来也是这样。

希哲升任智利的事，已和蔡耀堂面言，大约八九可成。或者这信到时已发表亦未可知。若未发表那恐是无望了。

思顺八月十三日信，昨日在清华收到。忠忠抵美的安电，王姨也从天津带来，欣慰之至。正在我想这封信的时候，想来你们姊弟五人正围着高谈阔论，不知多少快活哩。庄庄入美或留坎 ①问题，谅来已经决定，下次信可得报告了。

思永给思顺的信说"怕我因病而起的变态心理"，有这种事吗？何至如是，你们从我信上看到这种痕迹吗？我决不如是，忠忠在旁边看着是可以证明的。就令是有，经这回唐天如、伍连德诊视之后，心理也豁然一变了。你们大大放心罢。写得太多了，犯了连德的禁令了，再说罢。

       爹爹　民国十五年九月十四日

老白鼻天天说要到美国去，你们谁领他，我便贴四分邮票寄去。

---

① 坎：在此指加拿大。

给孩子们书

1926 年 10 月 4 日

　　我昨天做了一件极不愿意做之事，去替徐志摩证婚。他的新妇是王受庆夫人，与志摩恋爱上，才和受庆离婚，实在是不道德至极。我屡次告诫志摩而无效。胡适之、张彭春苦苦为他说情，到底以姑息志摩之故，卒徇其请。我在礼堂演说一篇训词，大大教训一番，新人及满堂宾客无一不失色，此恐是中外古今所未闻之婚礼矣。今把训词稿子寄给你们一看。青年为感情冲动，不能节制，任意决破礼防的罗网，其实乃是自投苦恼的罗网，真是可痛，真是可怜！徐志摩这个人其实聪明，我爱他不过，此次看着他陷于灭顶，还想救他出来，我也有一番苦心。老朋友们对于他这番举动无不深恶痛绝，我想他若从此见摈于社会，固然自作自受，无可怨恨，但觉得这个人太可惜了，或者竟弄到自杀。我又看着他找得这样一个人做伴侣，怕他将来苦痛更无限，所以想对于那个人当头一棒，盼望他能有觉悟（但恐甚难），免得将来把志摩累死，但恐不过是我极痴的婆心便了。闻张歆海近来也很堕落，日日只想做官，志摩却是很高洁，只是发了恋爱狂——变态心理——变态心理的犯罪。此外还有许多招物议之处，我也不愿多讲了。品性上不曾经过严格的训练，真是可怕，我把昨日的感触，专写这一封信给思成、徽音、思忠们看看。

民国十五年十月四日

给孩子们书

1926 年 12 月 20 日

孩子们：

寄去美金九十元作压岁钱，大孩子们每人十元，小孩子们共二十元，可分领买糖吃去。

我近来因为病已痊愈，一切照常工作，渐渐忙起来了。新近著成一书，名曰《王阳明知行合一之教》，约四万余言，印出后寄红领巾你们读。

前两礼拜几乎天天都有讲演，每次短者一点半钟，多者继续至三点钟，内中有北京学术讲演会所讲三次，地点在前众议院（法大第一院），听众充满全院（约四千人），在大冷天并无火炉（学校穷，生不起火），讲时要很大声，但我讲了几次，病并未发，可见是痊愈了。

前几天耶鲁大学又有电报来，再送博士，请六月二十二到该校，电辞极恳切，已经复电答应去了。你二叔不甚赞成，说还要写信问顺儿以那边详细情形，我想没有甚么要紧的，只须不到唐人街（不到西部），不上杂碎馆，上落船时稍为注意，便够了。我实在想你们，想得很，借这个机会来看你们一道，最好不过，我如何肯把他轻轻放过。

时局变迁非常剧烈，百里联络孙、唐，蒋的计划全归失败，北洋军阀确已到末日了。将此麻木不仁的状态打破，总是好的，但将来起的变症如何，现在真不敢说了。

民国十五年十二月二十日

给孩子们书

1927 年 1 月 2 日

　　今天总算我最近两个月来最清闲的日子，正在一个人坐在书房里拿着一部杜诗来吟哦。思顺十一月二十九日、十二月四日，思成十二月一日的信，同时到了，真高兴。

　　思成信上说徽音二月间回国的事，我一月前已经有信提过这事，想已收到。徽音回家看他娘娘一趟，原是极应该的，我也不忍阻止，但以现在情形而论，福州附近很混乱，交通极不便，有好几位福建朋友们想回去，也回不成。最近几个月中，总怕恢复原状的希望很少，若回来还是蹲在北京或上海，岂不更伤心吗？况且他的娘，屡次劝他不必回来，我想还是暂不回来的好。至于清华官费若回来考，我想没有考不上的。过两天我也把招考章程叫他们寄去，但若打定主意不回来，则亦用不着了。

　　思永回国的事，现尚未得李济之回话。济之（三日前）已经由山西回到北京了，但我刚刚进城去，还没有见着他。他这回采掘大有所获，捆载了七十五箱东西回来，不久便在清华考古室（今年新成立）陈列起来了，这也是我们极高兴的一件事。思永的事我本礼拜内准见着他，下次的信便有确答。

　　忠忠去法国的计划，关于经费这一点毫无问题，你只管预备着便是。

思顺们的生计前途，却真可忧虑，过几天我试和少川切实谈一回，但恐没有什么办法，因为使领经费据我看是绝望的，除非是调一个有收入的缺。

司法储才馆下礼拜便开馆，以后我真忙死了，每礼拜大概要有三天住城里。清华功课有增无减，因为清华寒假后兼行导师制，这是由各教授自愿的，我完全不理也可以，但我不肯如此。每教授担任指导学生十人，大学部学生要求受我指导者已十六人，我不好拒绝。又在燕京担任有钟点，燕京学生比清华多，他们那边师生热诚恳求我，也不好拒绝。真没有一刻空闲了。但我体子已完全复原，两个月来旧病完全不发，所以很放心工作去。

上月为北京学术讲演会作四次公开的讲演，讲坛在旧众议院，每次都是满座，连讲两三点钟，全场肃静无哗，每次都是距开讲前一两点钟已经人满。在大冷天气，火炉也开不起，而听众如此热诚，不能不令我感动。我常感觉我的工作，还不能报答社会上待我的恩惠。

我游美的意思还没有变更，现在正商量筹款，大约非有万金以上不够（美金五千），若想得出法子，定要来的，你们没有什么意见吧？

时局变迁极可忧，北军阀末日已到，不成问题了。北京政府命运谁也不敢作半年的保险，但一党专制的局面谁也不能往光明上看。尤其可怕者是利用工人鼓动工潮，现在汉口、九江大大小小铺子十有九不能开张，车夫要和主人同桌吃饭，结果闹到中产阶级不能自存，我想他们到了北京时，我除了为党派观念所逼不能不亡命外，大约还可以勉强住下去，因为我们家里的工人老郭、老吴、唐五三位，大约还不致和我们捣乱。你二叔那边只怕非二叔亲自买菜，二婶亲自煮饭不可了。而正当的工人也全部失业。放火容易救火难，党人们正不知何以善其后也。现在军阀游魂尚在，我们殊不愿对党人宣战，待彼辈统一后，终不能不为多数人自由与彼辈一拼耳。

思顺们的留支似已寄到十一月，日内当再汇上七百五十元，由我先垫出两个月，暂救你们之急。

寄上些中国画给思永、忠忠、庄庄三人挂于书房。思成处来往的人，谅来多是美术家，不好的倒不好挂，只寄些影片，大率皆故宫所藏名迹也。

现在北京灾官们可怜极了。因为我近来担任几件事，穷亲戚穷朋友们稍为得点缀。十五舅处东拼西凑三件事，合得二百五十元（可以实得到手），勉强过得去，你妈妈最关心的是这件事，我不能不尽力设法。其余如杨鼎甫也在图书馆任职得百元，黑二爷（在储才馆）也得三十元，玉衡表叔也得六十元，许多人都望之若登仙了。七叔得百六十元，廷灿得百元（和别人比较），其实都算过分了。

细婆近来心境渐好，精神亦健，是我们最高兴的事。现在细婆、七婶都住南长街，相处甚好，大约春暖后七叔或另租屋住。

老白鼻一天一天越得人爱，非常聪明，又非常听话，每天总逗我笑几场。他读了十几首唐诗，天天教他的老郭念，刚才他来告诉我说：老郭真笨，我教他念"少小离家"，他不会念，念成"乡音无改把猫摔"。他一面说一面抱着小猫就把那猫摔下地，惹得哄堂大笑。他念："两人对酌山花开，一杯一杯又一杯，我醉欲眠君且去，明朝有意抱琴来。"总要我一个人和他对酌，念到第三句便躺下，念到第四句便去抱一部书当琴弹。诸如此类每天趣话多着哩。

　　我打算寒假时到汤山住几天，好生休息，现在正打听那边安静不安静。我近来极少打牌，一个月打不到一次，这几天司马懿来了，倒过了几回桥。酒是久已一滴不入口，虽宴会席上有极好的酒，看着也不动心。写字倒是短不了，近一个月来少些，因为忙得没有工夫。

民国十六年一月二日

给孩子们书

1927 年 1 月 27 日

孩子们：

　　昨天正寄去一封长信，今日又接到（内夹成、永信）思顺十二月二十七日、思忠二十二日信。前几天正叫银行待金价稍落时汇五百金去，至今未汇出，得信后立刻叫电汇，大概总赶得上交学费了。

　　寄留支事已汇去三个月的七百五十元，想早已收到。

　　调新加坡事倒可以商量，等我打听情形再说罢。调智利事幸亏没有办到，不然才到任便裁缺，那才狼狈呢！大抵凡关于个人利害的事只是"随缘"最好。若勉强倒会出岔子，希哲调新加坡时，若不强留那一年，或者现在还在新加坡任上，也未可知。这种虽是过去的事，然而经一事长一智，正可作为龟鉴。所以我也不想多替你们强求。若这回二五附加税项下使馆经费能够有着落，便在冷僻地方——人所不争的多蹲一两年也未始不好。

　　顺儿着急和愁闷是不对的，到没有办法时一卷起铺盖回国，现已打定这个主意，便可心安理得，凡着急愁闷无济于事者，便值不得急它愁它，我向来对于个人境遇都是如此看法。顺儿受我教育多年，何故临事反不得力，可见得是平日学问没有到家。你小时候虽然也跟着爹妈吃过点苦，但太小了，全然不懂。及到长大以来，境遇未免太顺了。现在处这种困难境遇正是磨炼身心最好机会，在你全生涯中不容易碰着的，你要多谢上帝玉成的厚意，在这个当口儿做到"不改其乐"的工夫才不愧为爹爹最心爱的孩子哩。

……

忠忠的信很可爱，说的话很有见地，我在今日若还不理会政治，实在对不起国家，对不起自己的良心。不过出面打起旗帜，时机还早，只有秘密预备，便是我现在担任这些事业，也靠着他可以多养活几个人才。内中固然有亲戚故旧，勉强招呼不以人才为标准者。近来多在学校演说，多接见学生，也是如此——虽然你娘娘为我的身子天天唠叨我，我还是要这样干。中国病太深了，症候天天变，每变一症，病深一度，将来能否在我们手上救活转来，真不敢说。但国家生命民族生命总是永久的（比个人长的），我们总是做我们责任内的事，成效如何，自己能否看见，都不必管。

庄庄很乖，你的法文居然赶过四哥了，将来我还要看你的历史学等赶过三哥呢。

思永的字真难认识，我每看你的信，都很费神，你将来回国跟着我，非逼着你写一年九宫格不可。

达达昨日入协和，明日才开刀，大概要在协和过年了。我拟带着司马懿、六六们在清华过年（先令他们向你妈妈相片拜年），元旦日才入城，向祖宗拜年，过年后打算去汤山住一礼拜，因为近日太劳碌了，寒假后开学恐更甚。

每天老白鼻总来搅局几次，是我最好的休息机会。（他又来

了，又要写信给亲家了。）我游美的事你们意见如何，我现在仍
是无可无不可，朋友们却反对得厉害。

      爹爹 一月二十七日 旧历十二月二十四日

致孩子们书

1927 年 2 月 6 日—16 日

孩子们：

旧历年前写了好几封信，新年入城玩了几天，今天回清华，猜着该有你们的信。果然，思成一月二日、思永一月六日、忠忠十二月三十一日的信同时到了——思顺和庄庄的是一个礼拜前已到，已回过了。

我讲个笑话给你们听，达达入协和受手术，医生本来说过，要一礼拜后方能出院，看着要在协和过年了，谁知我们年初一入城，他已经在南长街大门等着。原来医院也许病人请假，医生也被他磨不过放他出来一天，到七点钟仍旧要回去，到年初三他真正出院了，现已回到清华，玩得极起劲。他的病却不轻，医生说割得正好，太早怕伤身子，太迟病日深更难治。这样一来，此后他身体的发育（连智慧也有影响）可以有特别的进步，真好极了。

我从今天起，每天教达达，思懿国文一篇，目的还不在于教他们，乃是因阿时寒假后要到南开当先生了，我实在有点不放心。所以借他们来教他的教授法，却是已经把达达们高兴到了不得了。

以上二月六日写

　　前信未写完，昨天又接到思顺一月四日、八日两信，庄庄一月四日信，趁现在空闲，一总回信多谈些罢。

　　庄庄功课样样及格，而且副校长很夸奖他，我听见真高兴，就是你姊姊快要离开加拿大，我有点舍不得，你独自一人在那边，好在你已成了大孩子了，我一切都放心，你去年的钱用得很省俭，也足见你十分谨慎。但是我不愿意你们太过刻苦，你们既已都是很规矩的孩子，不会乱花钱，那么便不必太苦，反变成寒酸。你赶紧把你预算开来罢！一切不妨预备松动些，暑假中到美国旅行和哥哥们会面是必要的。你总把这笔费开在里头便是，年前汇了五百金去，尚缺多少？我接到信立刻便汇去。

　　张君劢愿意就你们学校的教职，我已经有电给姊姊了，他大概暑期前准到。他的夫人是你们世姊妹，姊姊走了，他来也，和自己姊姊差不多。这是我替庄庄高兴的事。却是你要做衣服以及要什么东西赶紧写信来，我托他多多地给你带去。

　　思顺调新加坡的事，我明天进城便立刻和顾少川说去，若现任人没有什么特别要留的理由，大概可望成功吧，成与不成，此信到时当已揭晓了。使馆经费仍不见靠得住，因为二五附加税问题很复杂，恐怕政府未必能有钱到手。你们能够调任一两年，弥补亏空，未尝不好。至于调任后有无风波，谁也不敢说，只好再看罢。

以上二月十日写

　　前信未写完便进城去，在城住了三天，十四晚才回清华，顾少川已见着了。调任事恐难成。据顾说现在各方面请托求此缺者，已三十人，只好以不动为搪塞，且每调动一人必有数人牵连着要动，单是川资一项已无法应付，只得暂行一概不动云云。升智利事亦曾谈到，倒可以想法，但我却不甚热心此着。因为使馆经费有着，则留坎亦未尝不可行，如无着则赔累恐更甚，何必多此一举呢？附加税问题十天半月内总可以告一段落，姑且看一看再说罢。

少川另说出一种无聊的救济办法，谓现在各使馆有向外国银行要求借垫而外交部予以担保承认者，其借垫额为薪俸与公费之各半数，手续则各使馆自行与银行办妥交涉，致电（或函）请外交部承诺，不知希哲与汇丰、麦加利两银行有交情否，若有相当交情，不妨试一试。

以上二月十五日写

（这几张可由思成保存，但仍须各人传观，因为教训的话于你们都有益的。）

思成和思永同走一条路，将来互得联络观摩之益，真是最好没有了。思成来信问有用无用之别，这个问题很容易解答，试问唐开元、天宝间李白、杜甫与姚崇、宋璟比较，其贡献于国家者孰多？为中国文化史及全人类文化史起见，姚、宋之有无，算不得什么事，若没有了李、杜，试问历史减色多少呢？我也并不是要人人都做李、杜，不做姚、宋，要之，要各人自审其性之所近何如，人人发挥其个性之特长，以靖献于社会，人才经济莫过于此。思成所当自策厉者，惧不能为我国美术界做李、杜耳。如其能之，则开元、天宝间时局之小小安危，算什么呢？你还是保持这两三年来的态度，埋头埋脑做去了。

便对你觉得自己天才不能负你的理想，又觉得这几年专做呆板工夫，生怕会变成画匠。你有这种感觉，便是你的学问在这时期内将发生进步的特征，我听见倒喜欢极了。孟子说："能与人规矩，不能使人巧。"凡学校所教与所学总不外规矩方面的事，若巧则要离了学校方能发见。规矩不过求巧的一种工具，然而终不能不以此为教，以此为学者，正以能巧之人，习熟规矩后，乃愈益其巧耳。不能巧者，依着规矩可以无大过。你的天才到底怎么样，我想你自己现在也未能测定，因为终日在师长指定的范围与条件内用功，还没有自由发掘自己性灵的余地。况且凡一位大文学家、大美术家之成就，常常还要许多环境与及附带学问的帮助。中国先辈说要"读万卷书，行万里路"。你两三年来蛰居于一个学校的图案室之小天地中，许多潜伏的机能如何便会发育出来，即如此次你到波士顿一趟，便发生许多刺激，区区波士顿算得什么，比起欧洲来真是"河伯"之与"海若"，若和自然界的崇高伟丽之美相比，那更不及万分之一了。然而令你触发者已经如此，将来你学成之后，常常找机会转变自己的环境，扩大自己的眼界和胸怀，到那时候或者天才会爆发出来，今尚非其时也。今在学校中只有把应学的规矩，尽量学足，不惟如此，将来到欧洲回中国，所有未学的规矩也还须补学，这种工作乃为一生历程所必须经过的，而且有天才的人绝不会因此而阻抑他的天才，你千万别要对此而生厌倦，一厌倦即退步矣。至于将来能否大成，大成到怎么程度，当然还是以天才为之分限。我生平最服膺曾文正两句话："莫问收获，但问耕耘。"将来成就如何，现在想他则甚？着急他则甚？一面不可骄盈自慢，一面又不可怯弱自馁，尽自己能力做去，做到哪里是哪里，如此则可以无入而不自得，而于社会亦总有多少贡献。我一生学问得力专在此一点，我盼望你们都能应用我这点精神。

思永回来一年的话怎么样？主意有变更没有？刚才李济之来说，前次你所希望的已经和毕士卜谈过，他很高兴，已经有信去波士顿博物院，一位先生名罗治者和你接洽，你见面后所谈如何可即回信告我。现在又有一帮瑞典考古学家要大举往新疆发掘了，你将来学成归国，机会多着呢！

忠忠会自己格外用功，而且埋头埋脑不管别的事，好极了。姊姊、哥哥们都有信来夸你，我和你娘娘都极喜欢，西点事三日前已经请曹校长再发一电给施公使，未知如何，只得尽了人事后听其自然。你既走军事和政治那条路，团体的联络是少不得的，但也不必忙，在求学时期内暂且不以此分心也是好的。

旧历新年期内，我着实顽了几天，许久没有打牌了，这次一连打了三天也很觉有兴，本来想去汤山，因达达受手术，他娘娘离不开也，没有去成。

昨日清华已经开学了，自此以后我更忙个不了，但精神健旺，一点不觉得疲倦。虽然每遇过劳时，小便便带赤化。但既与健康无关，绝对地不管它便是了。

阿时已到南开教书。北院一号只有我和王姨带着两个白鼻住着，清静得很。

相片分寄你们都收到没有？还有第二次照的呢！过几天再寄。

爹爹　二月十六日

思成信上讲钟某的事，很奇怪。现在尚想不着门路去访查，若能得之，则图书馆定当想法购取也。

　　Lodge，此人为美国参议院前外交委员长之子，现任波士顿博物院采集部长。关于考大学事，拟与思永有所接洽。毕士卜已有信致彼，思永或可在往访之。

给孩子们书

1927 年 2 月 28 日

今年还是过旧历的生日，在城里热闹一两天，今日（旧正月二十七）才回到清华。却是这两天有点小小的不幸，小白鼻病得甚危险，这全然为日本医生所误。小白鼻种痘后有点着凉不舒服，已经几天了，二十五日早上同仁医院医生看过，还说绝不要紧。许是吃的药错了，早上还好好的。到晚上十一点钟时病转剧，电召克礼来，已说太迟了，恐怕保不住，连夜由王姨带去医院住，打了无数的药针来"争命"，能否争得回来，尚不可知（但今天已比前天好得多了）。因此生日那天，王姨整天不在，家里人都有些着急不欢样子，细婆最甚，因为他特别喜欢小白鼻。今日王姨也未回清华，倘若有救，怕王姨还要在城里住一两礼拜才行哩。

我在百忙中还打了两天牌，十四五舅姑丈们在一块玩儿很有趣，但我许没有吃酒，近一年来我的酒真算戒绝了，看着人吃，并不垂涎。

过两天细婆、二婶、大姑们要请我吃乡下菜，各人亲自下厨房，每人做两样，绝对不许厨子动手，菜单已开好出来了，真有趣。本来预备今日做，一因我在学校有功课，定要回来；二因王姨没有心神，已改到星期五了（今日是星期一），只有那时小白鼻病好，便更热闹了。

　　回来接着思顺一月二十六、忠忠一月十九的信和庄庄一月十一日给阿时的信，知道压岁钱已收到了，前几个月我记得有过些时候因功课太忙，许久没有信给你们（难怪你们记挂），最近一两个月来信却像是很多，谅来早已放心了。总之，我体子是好极了，近来精神尤为旺盛，倘使偶然去信少些，也不过是因为忙的缘故，你们万不可以相猜。

　　使领经费有无着落，还要看一个月方能定，前信说向外国银行借垫，由外交部承认的办法，希哲可以办到不？目前除此恐无他法。

　　君劢可以就坎大学之聘，我曾有电报告，并问两事：一问所授科目（君劢意欲授中国哲学）；二问有中国书籍没有，若没有请汇万元来买（华银）。该电发去半月以上了，我还把回电的（十个字）电费都付过，至今尚未得回电，不知何故。

　　忠忠信上说的话很对，我断不至于在这个当口儿出来做什么政治活动，亲戚朋友们也并没有哪个怂恿我，你们可以大大放心，但中国现在政治前途像我这样一个人绝对的消极旁观，总不是一回事，非独良心所不许，事势亦不容如此。我已经立定主意，于最近期间内发表我政治上全部的具体主张，现在先在清华讲堂上讲起，分经济制度问题、政治组织问题、社会组织问题、教育问题四项。每礼拜一晚在旧礼堂讲演，已经讲过两回，今日赶回学校，也专为此。以这两回听讲情形而论，像还很好。第二次比前一次听众增加，内中国民党员乃至共产党员听了。研究院便有共产党二人，国民党七八人，像都首肯。现在同学颇有人想自组织一精神最紧密之团体（周传儒、方壮猷等），一面讲学，

一面做政治运动，我只好听他们做去再看。我想忠忠听着这话最
高兴了。

庄庄给时姊的信（时姊去南开教书了），娘娘看见了很高兴。
娘娘最记挂的是你，我前些日子和他说笑话，你们学校要请我教
书，我愿意带着他和老白鼻们去，把达达们放在家里怎么样？他
说很愿意去一年看看你，却是老郭听着着急到了不得，因为舍不
得离开老白鼻，真是好笑。

从讲堂下来，不想用心，胡乱和你们谈几句天，便睡觉去了。

民国十六年二月二十八日

给孩子们书

1927 年 3 月 9 日

孩子们：

　　有件小小不幸事情报告你们，那小同同 ① 已经死了。他的病是肺炎，在医院住了六天，死得像很辛苦很可怜。这是近一个月来京津间的流行病，听说因这病死的小孩，每天总有好几个，初起时不甚觉得重大，稍迟已无救了。同同大概被清华医生耽搁了三天，一起病已吃药，但并不对症。克礼来看时已是不行了。我倒没有什么伤感，他娘娘在医院中连着五天五夜，几乎完全没有睡觉，辛苦憔悴极了。还好她还能达观，过两天身体以及心境都完全恢复了，你们不必担心。

　　当小同同病重时，老白鼻也犯同样的病，当时他在清华，他娘在城里，幸亏发现得早立刻去医，也在德国医院住了四天，现在已经出院四天，完全安心了。克礼说若迟两天医也很危险哩。说起来也奇怪，据老郭说，那天晚上他做梦，梦见你们妈妈来骂他道："那小的已经不行了，老白鼻也危险，你还不赶紧抱他去看，走！走！快走，快走！"就这样的把他从睡梦里打起来了。他那天来和我说，没有说做梦，这些梦话是他

---

① 小同同：即梁启超最小的儿子，又被称为小白鼻。

到京后和王姨说的。老白鼻夜里咳嗽得颇厉害，但是胃口很好，出恭很好，谅来没什么要紧罢，本来因为北京空气不好，南长街孩子太多，不愿意他在那边住，所以把他带回清华。我叫到清华医院看，也说绝不要紧，到底有点不放心，那天我本来要进城，于是把他带去，谁知克礼一看说正是现在流行最危险的病，叫在医院住下。那天晚上小同同便死了。他娘还带着老白鼻住院四天，现在总算安心了。你们都知道，我对于老白鼻非常之爱，倘使他有什么差池，我的刺激却太过了，老郭的梦虽然杳茫，但你妈妈在天之灵常常保护他一群心爱的孩子，也在情理之中，这回把老白鼻救转来是老郭一梦。实也功劳不小哩。

使馆经费看着丝毫办法没有，真替思顺们着急，前信说在外国银行自行借垫，由外交部承认担保，这种办法希哲有方法办到吗？望速进行，若不能办到，恐怕除回国外无别路可走，但回国也很难，不惟没有饭吃，只怕连住的地方都没有。北京因连年兵灾，灾民在城圈里骤增十几万，一旦兵事有变动（看着变动很快，怕不能保半年），没有人维持秩序，恐怕京城里绝对不能住，天津租界也不见安稳得多少，因为洋鬼子的纸老虎已经戳穿，哪里还能靠租界做避世桃源呢。现在武汉一带，中产阶级简直无生存之余地，你们回来又怎么样呢？所以我颇想希哲在外国找一件职业，暂时维持生活，过一两年再作道理，你们想想有职业可找吗？

前信颇主张思永暑期回国，据现在情形还是不来的好，也许我就要亡命出去了。

这信上讲了好些悲观的话，你们别要以为我心境不好，我现在讲学正讲得起劲哩，每星期有五天讲演，其余办的事，也兴会淋漓，我总是抱着"有一天做一天"的主义（不是"得过且过"却是"得做且做"），所以一样地活泼、愉快，谅来你们知道我的性格，不会替我担忧。

爹爹　民国十六年三月九日

给孩子们书

1927 年 3 月 10 日

昨信未发，今日又得顺儿正月三十一、二月五日、二月九日，永儿二月四日、十日的信，顺便再回几句。

使领经费看来总是没有办法，问少川也回答不出所以然，不问他我们亦知道情形。二五附加税若能归中央支配，当然那每年二百万是有的，但这点钱到手后，丘八先生哪里肯吐出来，现在听说又向旧关税下打主意，五十万若能成功，也可以发两个月，但据我看，是没有希望的。你们不回来，真要饿死，但回来后不能安居，也眼看得见。所以我很希望希哲趁早改行，但改行不是件容易的事，我也很知道，请你们斟酌罢。

藻孙是绝对不会有钱还的，他正在天天饿饭，到处该了无数的账，还有八百块钱是我担保的，也没有方法还起。我看他借贷之路，亦已穷了，真不知他将来如何得了。我现在也不能有什么事情来招呼他，因为我现在所招呼的都不过百元内外的事情，但现在的北京得一百元的现金收入，已经等于从前的五六百元了，所以我招呼的几个人别人已经看着眼红。你二叔在储才馆当很重要的职务，不过百二十元（一天忙得要命），鼎甫在图书馆不过百元，十五舅八十元（算是领干粮不办事），藻孙不愿回北京，他在京也非百元内外可够用，所以我没有法子招呼他，他的前途我看着是很悲惨的，其实哪一个不悲惨，我看许多亲友们一年以后都落到这种境遇。你别要希望他还钱罢。

　　我从前虽然很愿意思永回国一年，但我现在也不敢主张了，因为也许回来后只做一年的"避难"生涯，那真不值得了。我看暑假后清华也不是现在的局面了，你还是一口气在外国学成之后再说罢。你的信，我过两天只管再和李济之商量一下，但据现在情形，恐怕连他不敢主张了。

　　思永说我的《中国史》诚然是我对于国人该下一笔大账，我若不把他做成，真是对国民不住，对自己不住。也许最近期间内，因为我在北京不能安居，逼着埋头三两年，专做这种事业，亦未可知，我是无可无不可，随便环境怎么样，都有我的事情做，都可以助长足我的兴会和努力的。

民国十六年三月十日

给孩子们书

1927 年 3 月 21 日

今日正写起一封短信给思顺，尚未发，顺的二月十八、二十两信同时到了，很喜欢。

问外交部要房租的事等，我试问问顾少川有无办法，若得了此款，便能将就住一年倒很好，因为回国后什么地方能安居，很是渺茫。

今日下午消息很紧，恐怕北京的变化意外迅速，朋友多劝我早为避地之计（上海那边如黄炎培及东南大学稳健教授都要逃难），因为暴烈分子定要和我过不去，是显而易见的。更恐北京有变后，京、津交通断绝，那时便欲避不能。我现在正在斟酌中。本来拟在学校放暑假前作一结束，现在怕等不到那时了。

在这种情形之下，思永回国问题当然再无商量之余地，把前议完全打消罢。

再看一两星期怎么样，若风声加紧，我便先回天津；若天津秩序不乱，我也许可以安居，便屏弃百事，专用三两年工夫，作那《中国史》，若并此不能，那时再想方法。总是随遇而安，不必事前干着急。

南方最闹得糟的是两湖，比较好的是浙江。将来北方怕要蹈两湖覆辙，因为穷人太多了，我总感觉着全个北京将有大劫临头，所以思顺们立刻回来的事，也不敢十分主张。但天津之遭劫，总该稍迟而且稍轻，你们回来好在人不多，在津寓或可以勉强安居。

还有一种最可怕的现象——金融界破裂。我想这是免不了的事，很难挨过一年，若到那一天，全国中产阶级真都要饿死了。现在湖南确已到这种田地，试举一个例：蔡松坡家里的人已经饿饭了，现流寓在上海。他们并非有意与蔡松坡为难（他们很优待他家），但买下那几亩田没有人耕，迫着要在外边叫化，别的人更不消说了。

恐怕北方不久也要学湖南榜样。

我本来想凑几个钱汇给思顺，替我存着，预备将来万一之需，但凑也凑不了多少，而且寄往远处，调用不便，现在打算存入（连兴业的透支可凑万元）花旗银行作一两年维持生活之用。

这些话本来不想和你们多讲，但你们大概都有点见识，有点器量，谅来也不致因此而发愁着急，所以也不妨告诉你们。总之，我是挨得苦的人，你们都深知道全国人都在黑暗和艰难的境遇中，我当然也该如此，只有应该比别人加倍，因为我们平常比别人舒服加倍。所以这些事我满不在意，总是老守着我那"得做且做"主义，不惟没有烦恼，而且有时兴会淋漓。

民国十六年三月二十一日

致孩子们书

1927 年 4 月 19 日—20 日

孩子们：

近来因老白鼻的病，足足闹了一个多月，弄得全家心绪不宁，现在好了，出院已四日了。

二叔那边的孪妹妹，到底死去一个，那一个还在危险中。

达达受手术后身体强壮得多，将来智慧也许增长哩。

六六现又入协和割喉咙，明天可以出院了，据医生说道也于智慧发达极有关系，割去后试试看如何。你们姊妹弟兄中六六真是草包，至今还不会看表哩！他和司马懿同在培华，司马连着两回月考都第一，他都是倒数第一，他们的先生都不行，他两个是同怀姊妹。

我近来旧病发得颇厉害，三月底到协和住了两天，细细检查一切如常，但坚嘱节劳，谓舍此别无他药（今将报告书寄阅）。本来近日未免过劳，好在快到暑假了。暑假后北京也未必能住，借此暂离学校，休养一下也未尝不好，在学校总是不能节劳的。清明日我没有去上坟，只有王姨带着司马懿去（达达在天津，老白鼻在医院），细婆和七妹也去。我因为医生说最不可以爬高走路，只好不去。

南海先生忽然在青岛死去，前日我们在京为他而哭，好生伤感。我的祭文，谅来已在《晨报》上见着了。他身后萧条得万分可怜，我得着电报，赶紧电汇几百块钱去，才能草草成殓哩。我打算替希哲送奠敬百元。你们虽穷，但借贷典当，还有法可想。希哲受南海先生提携之恩最早，总应该尽一点心，谅来你们一定同意。

四月十九写

近来时局越闹得八塌糊涂，谅来你们在外国报纸上早看见了。有许多情形，想告诉你们，今日太忙，先把这信寄了再说罢。

爹爹 四月二十日

六六今日下午已经出院了。王姨今日回天津去料理那些家事。

第二次所寄相片想收到了，司马懿、六六、老白鼻合照的那一张好顽吗？……现在大概可苟安三几个月，我决意到放暑假才出京去，要说的话真太多，下次再写罢。

致孩子们书

1927 年 5 月 5 日

孩子们：

这个礼拜寄了一封公信，又另外两封（内一封由坎转）寄思永，一封寄思忠，都是商量他们回国的事，想都收到了。

近来连接思忠的信，思想一天天趋到激烈，而且对于党军胜利似起了无限兴奋，这也难怪。本来中国十几年来，时局太沉闷了，军阀们罪恶太贯盈了，人人都痛苦到极，厌倦到极，想一个新局面发生，以为无论如何总比旧日好，虽以年辈很老的人尚多半如此，何况青年们！所以你们这种变化，我绝不以为怪，但是这种希望，只怕还是落空。

我说话很容易发生误会，因为我向来和国民党有那些历史在前头。其实我是最没有党见的人，只要有人能把中国弄好，我绝不惜和他表深厚的同情，我从不采"非自己干来的都不好"那种褊狭嫉妒的态度……

在这种状态之下，于是乎我个人的出处进退发生极大问题。近一个月以来，我天天被人（却没有奉派军阀在内）包围，弄得我十分为难。许多人对于国党很绝望，觉得非有别的团体出来收拾不可，而这种团体不能不求首领，于是乎都想到我身上。其中进行最猛烈者，当然是所谓"国家主义"者那许多团体，次则国党右派的一部分人，次则所谓"实业界"的人（次则无数骑墙或已经投降党军而实在是假的那些南方二三等军队），这些人想在我的统率之下，成一种大同盟。他们因为团结不起来，以为我肯挺身而出，便团结了，所以对于我用全力运动。除直接找我外，对于我的朋友、门生都进行不遗余力（研究院学生也在他们运动之列，因为国家主义青年团多半是学生），我的朋友、门生对这问题也分两派：张君劢、陈博生、胡石青等是极端赞成的，丁在君、林宰平是极端反对的。他们双方的理由，我也不必详细列举。总之，赞成派认为这回事情比洪宪更重大万倍，断断不能旁观；反对派也承认这是一种理由。其所以反对，专就我本人身上说，第一是身体支持不了这种劳苦，第二是性格不宜于政党活动。

我一个月以来，天天在内心交战苦痛中。我实在讨厌政党生活，一提起来便头痛。因为既做政党，便有许多不愿见的人也要见，不愿做的事也要做，这种日子我实在过不了。若完全旁观畏难躲懒，自己对于国家实在良心上过不去。所以一个月来我为这件事几乎天天睡不着（却是白天的学校功课没有一天旷废，精神依然十分健旺），但现在我已决定自己的立场了。我一个月来，天天把我关于经济制度（多年来）的断片思想，整理一番。自己有确信的主张（我已经有两三个礼拜在储才馆、清华两处讲演我的主张），同时对于政治上的具体办法，虽未能有很惬心贵当的，但确信代议制和政党政治断不适用，非打破不可。所以我打算在最近期间内把我全部分的主张堂堂正正著出一两部书来，却是团体组织我绝对不加入，因为我根本就不相信那种东西能救中国。最近几天，季常从南方回来，很赞成我这个态度（丁在君们是主张我全不谈政治，专做我几年来所做的工作，这样实在对不起我的良心），我再过两礼拜，本学年功课便已结束，我便离开清华，用两个月做成我这项新工作（煜生听见高兴极了，今将他的信寄上，谅来你们都同此感想吧）。

以下的话专教训忠忠。

三个礼拜前，接忠忠信，商量回国，在我万千心事中又增加一重心事。我有好多天把这问题在我脑里盘旋。因为你要求我保密，我尊重你的意思，在你二叔、你娘娘跟前也未提起，我回你的信也不由你姊姊那里转。但是关于你终身一件大事情，本来应该和你姊姊、哥哥们商量，因为你姊姊哥哥不同别家，他们都是有程度的人。现在得姊姊信，知道你有一部分秘密已经向姊姊吐露了，所以我就在这公信内把我替你打算的和盘说出，顺便等姊姊哥哥们都替你筹划一下。

你想自己改造环境，吃苦冒险，这种精神是很值得夸奖的，我看见你这信非常喜欢。你们谅来都知道，爹爹虽然是挚爱你们，却从不肯姑息溺爱，常常盼望你们在苦困危险中把人格能磨炼出来。你看这回西域冒险旅行，我想你三哥加入，不知多少起劲，就这一件事也很可以证明你爹爹爱你们是如何的爱法了，所以我最初接你的信，倒有六七分赞成的意思，所费商量者就只在投奔什么人，详情已见前信，想早已收到，但现在我主张已全变，绝对地反对你回来了。因为三个礼拜前情形不同，对他们还有相当的希望，觉得你到那边阅历一年总是好的，现在呢？假使你现在国内，也许我还相当地主张你去，但觉得老远跑回来一趟，太犯不着了。头一件，现在所谓北伐，已完全停顿，参加他们军队，不外是参加他们火拼，所为何来？第二件，自从党军发展之后，素质一天坏一天，现在迥非前比，白崇禧军队算是极好的，到上海后纪律已大坏，人人都说远不如孙传芳军哩；跑进去不会有什么好东西学得来。第三件，他们正火拼得起劲——李济深在粤，一天内杀左派二千人，两湖那边杀右派也是一样的起劲——人人都有自危之心，你们跑进去立刻便卷揽在这种危险漩涡中。危险固然不必避，但须有目的才犯得着冒险。现这样不分皂白切葱一般杀人，死了真报不出账来。冒险总不是这种冒法。这是我近来对于你的行为变更主张的理由，也许你自己亦已经变更了。我知道你当初的计划，是几经考虑才定的，并不是一时的冲动。但因为你在远，不知事实，当时几视党人为神圣，想参加进去，最少也认为是自己历练事情的惟一机会。这也难怪。北京的智识阶级，从教授到学生，纷纷南下者，几个月以前不知若千百千人，但他们大多数都极狼狈，极失望而归了。你若现在在中国，倒不妨去试一试（他们也一定有人欢迎你），长点见识，但老远跑回来，在极懊丧极狼狈中白费一年光阴却太不值了。

　　至于你那种改造环境的计划，我始终是极端赞成的，早晚总要实行三几年，但不争在这一时。你说："照这样舒服几年下去，便会把人格送掉。"这是没出息的话！一个人若是在舒服的环境中会消磨志气，那么在困苦懊丧的环境中也一定会消磨志气，你看你爹爹困苦日子也过过多少，舒服日子也经过多少，老是那样子，到底志气消磨了没有？——也许你们有时会感觉爹爹是怠惰了（我自己常常有这种警惧），不过你再转眼一看，一定会仍旧看清楚不是这样——我自己常常感觉我要拿自己做青年的人格模范，最少也要不愧做你们姊妹弟兄的模范。我又很相信我的孩子们，个个都会受我这种遗传和教训，不会因为环境的困苦或舒服而堕落的。你若有这种自信力，便"随遇而安"地做现在所该做的工作，将来绝不怕没有地方没有机会去磨炼，你放心罢。你明年能进西点便进去，不能也没有什么可懊恼，进南部的"打人学校"也可，到日本也可，回来入黄埔也可（假使那时还有黄埔），我总尽力替你设法。就是明年不行，把政治经济学学得可以自信回来，再入那个军队当排长，乃至当兵，我都赞成。但现在殊不必牺牲光阴，太勉强去干。你试和姊姊、哥哥们切实商量，只怕也和我同一见解。

　　这封信前后经过十几天，才陆续写成，要说的话还不到十分之一。电灯久灭了，点着洋蜡，赶紧写成，明天又要进城去。

　　你们看这信，也该看出我近来生活情形的一斑了。我虽然为政治问题很绞些脑髓，却是我本来的工作并没有停。每礼拜四堂讲义都讲得极得意，因为《清华周刊》被党人把持，周传儒不肯把讲义笔记给他们登载。每次总讲两点钟以上，又要看学生们成绩，每天写字时候仍极多。昨今两天给庄庄、桂儿写了两把小楷扇子。每天还和老白鼻玩得极热闹，陆续写给你们的信也真不少。你们可以想见爹爹精神何等健旺了。

爹爹　五月五日

致孩子们书

1927 年 5 月 26 日

孩子们：

我近来寄你们的信真不少，你们来信亦还可以，只是思成的太少，好像两个多月没有来信了，令我好生放心不下，我很怕他感受什么精神上刺激苦痛。我以为，一个人什么病都可医，惟有"悲观病"最不可医，悲观是腐蚀人心的最大毒菌。生当现在的中国人，悲观的资料太多了。思成因有徽音的连带关系，徽音这种境遇尤其易趋悲观，所以我对思成格外放心不下。

关于思成毕业后的立身，我近几个月来颇有点盘算，姑且提出来供你们参考——论理毕业后回来替祖国服务，是人人共有的道德责任。但以中国现情而论，在最近的将来，几年以内敢说绝无发展自己所学的余地，连我还不知道能在国内安居几时呢（并不论有没有党派关系，一般人都在又要逃命的境遇中）？你们回来有什么事可以做呢？多少留学生回国后都在求生不能求死不得的状态中，所以我想思成在这时候先打打主意，预备毕业后在美国找些职业，蹲两三年再说，这话像是"非爱国的"，其实也不然。你们若能于建筑美术上实有创造能力，开出一种"并综中西"的宗派，就先在美国试验起来，若能成功，则发挥本国光荣，便是替祖国尽了无上义务。我想可以供你们试验的地方，只怕还在美国而不在中国。中国就令不遭遇这种时局，以现在社会经济状况论，哪里会有人拿出钱来做你们理想上的建筑呢？若美国的富豪在乡间起（平房的）别墅，你们若有本事替他做出一两所中国式最美的样子出来，以美国人的时髦流行性，或竟可以哄动一时，你们不惟可以解决生活问题，而且可以多得实验机会，令自己将来成一个大专门家，岂不是"一举而数善备"吗？这是我一个人如此胡猜乱想，究竟容易办到与否，我不知那边情形，自然不能轻下判断，不过提出这个意见备你们参考罢了。

我原想你们毕业后回来结婚，过年把再出去。但看此情形（指的是官费满五年的毕业），你们毕业时我是否住在中国还不可知呢？所以现在便先提起这问题，或者今年暑假毕业时便准备试办也可以。

因此，连带想到一个问题，便是你们结婚问题。结婚当然是要回国来才是正办，但在这种乱世，国内不能安居既是实情。你们假使一两年内不能回国，倒是结婚后同居，彼此得个互助才方便，而且生活问题也比较的容易解决。所以，我颇想你们提前办理，但是否可行，全由你们自己定夺。我断不加丝毫干涉。但我认为这问题确有研究价值，请你们仔细商量定，回我话罢。

你们若认为可行，我想林家长亲也没有不愿意的，我便正式请媒人向林家求婚，务求不致失礼，那边事情有姊姊替我主办，和我亲到也差不多。或者我特地来美一趟也可以。

问题就在徽音想见他母亲，这样一来又暂时耽搁下去了。我实在替他难过。但在这种时局之下回国，既有种种困难；好在他母亲身体还康强，便迟三两年见面也还是一样。所以，也不是没有商量的余地。

至于思永呢，情形有点不同。我还相当地主张他回来一年，为的是他要去山西考古。回来确有事业可做，他一个人跑回来，便是要逃难也没有多大累赘。所以回来一趟也好，但回不回仍由他自决，我并没有绝对的主张。

学校讲课上礼拜已完了，但大考在即，看学生成绩非常之忙（今年成绩比去年多，比去年好），我大约还有半个月才能离开学校。暑期住什么地方尚未定。旧病虽不时续发，但比前一个月好些，大概这病总是不要紧的，你们不必忧虑！

爹爹　五月二十六日

给孩子们书

1927 年 6 月 15 日

　　三个多月不得思成来信，正在天天悬念，今日忽然由费城打回来相片一包——系第一次所寄者（阴历新年），合家惊惶失措。当即发电坎京询问，谅一二日即得复电矣。你们须知你爹爹是最富于情感的人，对于你们的感情，十二分热烈。你们无论功课若何忙迫，最少隔个把月总要来一封信，便几个字报报平安也好。你爹爹已经是上年纪的人，这几年来，国忧家难，重重叠叠，自己身体也不如前。你们在外边几个大孩子，总不要增我的忧虑才好。

　　我本月初三离开清华，本想立刻回津，第二天得着王静安先生自杀的噩耗，又复奔回清华，料理他的后事及研究院未完的首尾，直至初八才返到津寓。现在到津已将一星期了。

　　静安先生自杀的动机，如他遗嘱上所说："五十之年，只欠一死，遭此世变，义无再辱。"他平日对于时局的悲观，本极深刻。最近的刺激，则由两湖学者叶德辉、王葆心之被枪毙。叶平日为人本不自爱（学问却甚好），也还可说是有自取之道，王葆心是七十岁的老先生，在乡里德望甚重，只因通信有"此间是地狱"一语，被暴徒拽出，极端篡辱，卒置之死地。静公深痛之，故效屈子沉渊，一瞑不复视。此公治学方法，极新极密，今年仅五十一岁，若再延寿十年，为中国学界发明，当不可限量。今竟为恶社会所杀，海内外识与不识莫不痛悼。研究院学生皆痛哭失声，我之受刺激更不待言了。

半月以来，京津已入恐慌时代，亲友们颇有劝我避地日本者，但我极不欲往，因国势如此，见外人极难为情也。天津外兵云集，秩序大概无虞。昨遣人往询意领事，据言意界必可与他界同一安全。既如此则所防者不过暴徒对于个人之特别暗算。现已实行"闭门"二字，镇日将外园铁门关锁，除少数亲友外，不接一杂宾，亦不出门一步，决可无虑也（以上六月十四写）。

十五日傍晚，得坎京复电，大大放心了。早上检查费城打回之包封，乃知寄信时神经病的阿时将住址写错，错了三十多条街，难怪找不着了。但远因总缘久不接思成信。我一个月来常常和王姨谈起，担心思成身子。昨日忽接该件，王姨惊慌失其常度，只好发电一问以慰其心。你们知道家中系念游子，每月各人总来一信便好了。

我一个月来旧病发得颇厉害，约摸四十余天没有停止。原因在学校暑期前批阅学生成绩太劳，王静安事变又未免大受刺激。到津后刻意养息，一星期来真是饱食终日无所用心。这两天渐渐转过来了。好在下半年十有九不再到清华，趁此大大休息年把，亦是佳事。

我本想暑期中作些政论文章，蹇季常、丁在君、林宰平大大反对，说只有"知其不可而为之"，没有"知其不可而言之"。他们的话也甚有理，我决意作纯粹的休息。每天除写写字、读读文学书外，更不做他事。如此数月，包管旧病可痊愈。

十五舅现常居天津，我替他在银行里找得百元的差事，他在储才馆可以不到。隔天或每天来打几圈牌，倒也快活。

我若到必须避地国外时，与其到日本，宁可到坎拿大。我若来坎时，打算把王姨和老白鼻都带来，或者竟全眷俱往，你们看怎么样？因为若在坎赁屋住多几人吃饭差不了多少，所差不过来往盘费罢了。麦机利教授我也愿意当，但惟一的条件，须添聘思永当助教（翻译）。希哲不妨斟酌情形，向该校示意。

以现在局势论，若南京派得势，当然无避地之必要；若武汉派得势，不独我要避地，京津间无论何人都不能安居了。以常理论，武汉派似无成功之可能。然中国现情，多不可以常理测度，所以不能不做种种准备。

广东现在倒比较安宁些，那边当局倒还很买我的面子。两个月前新会各乡受军队骚扰，勒缴乡团枪支，到处拿人，茶坑亦拿去四十几人，你四叔也在内。（你四叔近来很好，大改变了。）乡人函电求救情词哀切，我无法，只好托人写一封信去，以为断未必发生效力，不过稍尽人事罢了，谁知那信一到，便全体释放（邻乡皆不如是），枪支也发还，且托人来道歉。我倒不知他们对于我何故如此敬重，亦算奇事了，若京津间有大变动时，拟请七叔奉细婆仍回乡居住，倒比在京放心些。

前月汇去美金五千元，想早收到。现在将中国银行股票五折出卖，买时本用四折，中交票领了七八年利息，并不吃亏。卖去二百股得一万元，日内更由你二叔处再凑足美金五千元汇去，想与这信前后收到。有一万美金，托希哲代为经营，以后思庄学费或者可以不消我再管了。天津租界地价渐渐恢复转来，新房子有人要买。我索价四万五千，或还到四万，打算也出脱了，便一并汇给你们代理。

　　忠忠劝我卫生的那封六张纸的长信，半月前收到了。好啰唆的孩子，管爷管娘的，比先生管学生还严，讨厌讨厌。但我已领受他的孝心，一星期来已实行八九了。我的病本来是"无理由"，而且无妨碍的，因为我大大小小事，都不瞒你们。所以随时将情形告诉你们一声，你们若常常啰唆我，我便不说实话，免得你们担心了。

民国十六年六月十五日

给孩子们书

1927 年 8 月 29 日

一个多月没有写信，只怕把你们急坏了。

不写信的理由很简单，因为向来给你们的信都在晚上写的。今年热得要命，加以蚊子的群众运动比武汉民党还要厉害，晚上不是在院中外头，就是在帐子里头，简直五六十晚没有挨着书桌子，自然没有写信的机会了，加以思永回来后，谅来他去信不少，我越发落得躲懒了。

关于忠忠学业的事情，我新近去过一封电，又思永有两封信详细商量，想早已收到。我的主张是叫他在威士康逊 ① 把政治学告一段落，再回到本国学陆军，因为美国决非学陆军之地，而且在军界活动，非在本国有些"同学系"的关系不可以。至于国内何校最好，我在这一年内切实替你调查预备便是。

思成再留美一年，转学欧洲一年，然后归来最好。关于思成学业，我有点意见。思成所学太专向了，我愿意你趁毕业后一两年，分出点光阴多学些常识，尤其是文学或人文科学中之某部门，稍为多用点工夫。我怕你因所学太专门之故，把生活也弄成近于单调，太单调的生活，容易厌倦，厌倦即为苦恼，乃至堕落

---

① 威士康逊：即美国威斯康星州。

之根源。再者，一个人想要交友取益，或读书取益，也要方面稍
多，才有接谈交换，或开卷引进的机会。不独朋友而已，即如在
家庭里头，像你有我这样一位爹爹，也属人生难逢的幸福，若
你的学问兴味太过单调，将来也会和我相对词竭，不能领着我
的教训，你全生活中本来应享的乐趣也削减不少了。我是学问趣
味方面极多的人，我之所以不能专积有成者在此。然而我的生活
内容，异常丰富，能够永久保持不厌不倦的精神，亦未始不在
此。我每历若干时候，趣味转过新方面，便觉得像换个新生命，
如朝旭升天，如新荷出水，我自觉这种生活是极可爱的，极有价
值的。我虽不愿你们学我那泛滥无归的短处，但最少也想你们参
采我那烂漫向荣的长处（这封信你们留着，也算我自作的小小像
赞）。我这两年来对于我的思成，不知何故常常像有异兆的感觉，
怕他渐渐会走入孤峭冷僻一路去。我希望你回来见我时，还我一
个三四年前活泼有春气的孩子，我就心满意足了。

这种境界，固然关系人格修养之全部，但学业上之薰染陶
熔，影响亦非小。因为我们做学问的人，学业便占却全生活之主
要部分。学业内容之充实扩大，与生命内容之充实扩大成正比
例。所以我想医你的病，或预防你的病，不能不注意及此。这些
话许久要和你讲，因为你没有毕业以前，要注重你的专门，不愿
你分心，现在机会到了，不能不慎重和你说。你看了这信，意见
如何（徽音意思如何），无论校课如何忙迫，是必要回我一封稍
长的信，令我安心。

你常常头痛，也是令我不能放心的一件事，你生来体气不如
弟妹们强壮，自己便当自己格外撙节补救，若用力过猛，把将来
一身健康的幸福削减去，这是何等不上算的事呀。前所在学校功

课太重，也是无法，今年转校之后，务须稍变态度。我国古来先哲教人做学问方法，最重优游涵饮，使自得之。这句话以我几十年之经验结果，越看越觉得这话亲切有味。凡做学问总要"猛火熬"和"慢火炖"两种工作，循环交互着用去。在慢火炖的时候才能令所熬的起消化作用融洽而实有诸己。思成，你已经熬过三年了，这一年正该用炖的工夫。不独于你身子有益，即为你的学业计，亦非如此不能得益，你务要听爹爹苦口良言。庄庄在极难升级的大学中居然升级了，从年龄上你们姊妹弟兄们比较，你算是最早一个大学二年级生，你想爹爹听着多么欢喜。你今年还是普通科大学生，明年便要选定专门了，你现在打算选择没有？我想你们弟兄姊妹，到今还没有一个学自然科学，很是我们家里的憾事，不知道你性情到底近这方面不？我很想你以生物学为主科，因为它是现代最进步的自然科学，而且为哲学社会学之主要基础，极有趣而不须粗重的工作，于女孩子极为合宜，学回来后本国的生物随在可以采集试验，容易有新发明。截止到今日止，中国女子还没有人学这门（男子也很少），你来做一个"先登者"不好吗？还有一样，因为这门学问与一切人文科学有密切关系，你学成回来可以做爹爹一个大帮手，我将来许多著作还要请你做顾问哩！不好吗？你自己若觉得性情还近，那么就选他，还选一两样和他有密切联络的学科以为辅。你们学校若有这门的好教授，便留校，否则在美国选一个最好的学校转去，姊姊哥哥们当然会替你调查妥善，你自己想想定主意罢。

专门科学之外，还要选一两样关于自己娱乐的学问，如音乐、文学、美术等。据你三哥说，你近来看文学书不少，甚好甚好。你本来有些音乐天才，能够用点功，叫他发荣滋长最好。

姊姊来信说你因用功太过，不时有些病。你身子还好，我倒不十分担心，但做学问原不必太求猛进，像装罐头样子，塞得太多太急不见得便会受益。我方才教训你二哥，说那"优游涵饮，使自得之"，那两句话，你还要记着受用才好。

你想家想极了，这本难怪，但日子过得极快，你看你三哥转眼已经回来了，再过三年你便变成一个学者回来帮着爹爹工作，多么快活呀！

思顺报告营业情形的信已到。以区区资本而获利如此甚丰，实出意外，希哲不知费多少心血了。但他是一位闲不得的人谅来不以为劳苦。永年保险押借款剩余之部及陆续归还之部，拟随时汇到你们那里经营。永年保险明年秋间便满期。现在借款认息八厘，打算索性不还他，到明年照扣便了。又国内股票公债等，如可出脱者（只要有人买），打算都卖去，欲再凑美金万元交你们（只怕不容易）。因为国内经济界全体做产即在目前，旧物只怕都成废纸了。

我们爷儿俩常打心电，真是奇怪。给他们生日礼物一事，我两月前已经和王姨谈过，写信时要说的话太多，竟忘记写去，谁知你又想起来了。耶稣诞我却从未想起。现在可依你来信办理。几个学生都照给他们压岁钱，生日礼、耶稣诞各二十元。桂儿姊弟压岁、耶稣诞各二十元，你们两夫妇却只给压岁钱，别的都不给了，你们不说爹爹偏心吗？

我数日前因闹肚子，带着发热，闹了好几天，旧病也跟着发得厉害。新病好了之后，唐天如替我制一药膏方，服了三天，旧病又好去大半了。现在天气已凉，人极舒服。

这几天几位万木草堂老同学韩付国、徐启勉、伍宪子，都来这里共商南海先生身后事宜，他家里真是八塌糊涂，没有办法。最糟的是他一位女婿（三姑爷）。南海生时已经种种捣鬼，连偷带骗。南海现在负债六七万，至少有一半算是欠他的（他串同外人来盘剥）。现在还是他在那里把持，二姨太是三小姐的生母，现在当家，惟女儿女婿之言是听，外人有什么办法。启勉任劳任怨想要整顿一下，便有"干涉内政"的谤言，只好置之不理。他那两位世兄，和思忠、思庄同庚，现在还是一点事不懂（远不及达达、司马懿），活是两个傻大少（人当不坏，但是饭桶，将来亦怕变坏）。还有两位在家的小姐，将来不知被那三姑爷摆弄到什么结果，比起我们的周姑爷和你们弟兄姊妹，真成了两极端了。我真不解，像南海先生这样一个人，为什么全不会管教儿女，弄成这样局面。我们共同商议的结果，除了刊刻遗书由我们门生负责外，盼望能筹些款，由我们保管着，等到他家私花尽（现在还有房屋、书籍、字画亦值不少），能够稍为接济那两位傻大少及可怜的小姐，算稍尽点心罢了。

思成结婚事，他们两人商量最好的办法，我无不赞成。在这三几个月，当先在国内举行庄重的聘礼，大约须在北京，林家由徽的姑丈们代行，等商量好再报告你们。

福曼来津住了几天，现在思永在京，他们当短不了时时见面。

达达们功课很忙，但他们做得兴高采烈，都很有进步。下半年都不进学校了，良庆（在南开中学当教员）给他们补些英文、算学，照此一年下去，也许抵得过学校里两年。

老白鼻越发好顽了。

爹爹　八月二十九日

两点钟了，不写了。

给孩子们书

1927 年 10 月 11 日

　　我在协和住了十二日，现在又回到天津了。十二日的结果异常之好，血压由百四五十度降到百零四度，小便也跟着清了许多。但医生声明不是吃药的功效，全由休息及饮食上调养得来，现回家已十日。生活和在医院差不多，病亦日见减轻。若照此半年下去，或许竟有复原之望。

　　思永天天向我唠叨，说我不肯将自己作病人看待。我因为体中并无不适处，如何能认作病人。这次协和详细检查，据称每日所失去之血，幸而新血尚能补上，故体子不致太吃亏。但每日所补者总差些微不足（例如失了百分，补上九十九分），积欠下去，便会衰弱，所以要在起居饮食上调节，今其逐渐恢复平衡。现在全依医生的话，每天工作时间极少，十点钟便上床，每晚总睡八小时以上，食物禁蛋白质，禁茶、咖啡等类（酒不必说绝不入口）。半月以来日起有功了。

　　思永主张在清华养病，他娘娘反对。在清华的好处是就医方便，但这病既不靠医药，即起居饮食之调养，仍是天津方便得多，而且我到了清华后，节劳到底是不可能的，所以讨论结果，思永拗不过他娘娘。现在看来幸亏没有再搬入京，奉、晋开战后，京中人又纷纷搬家了。

思永原定本月四日起程考古，行装一切已置备，火车位已定妥了，奉、晋战事于其行期三日前爆发，他这回回国计划失败大半了。若早四五日去，虽是消息和此间隔绝，倒可以到他的目的地。幸亏思忠没有回来。前所拟议的学校，现在都解散了。生当今日的中国再没有半年以上的主意可打，真可痛心。

现在战事正在酣畅中，胜负如何，十日后当见分晓，但无论何方胜，前途都不会有光明，奈何奈何！要说的话很多，严守医生之训，分作两三次写罢。

民国十六年十月十一日

致孩子们书

1927 年 10 月 29 日—11 月 15 日

孩子们：

又像许久没有写信了，近一个月内连接顺、忠、庄好多信，独始终没有接到思成的，令我好生悬望。每逢你们三个人的信到时，总盼着一两天内该有思成的一封，但希望总是落空。今年已经过去十个月了。像仅得过思成两封信（最多三封），我最不放心的是他，偏是他老没有消息来安慰我一下，这两天又连得顺、忠的信了，不知三五天内可有成的影子来。

我自从出了协和，回到天津以来，每天在起居饮食上十二分注意，食品全由王姨亲手调理，睡眠总在八小时以上。心思当然不能绝对不用，但常常自己严加节制，大约每日写字时间最多，晚上总不做什么工作。便尿"赤化"虽未能骤绝，但血压逐渐低下去，总算日起有功。

我给你们每人写了一幅字，写的都是近诗，还有余樾园给你们每人写一幅画，都是极得意之作。正裱好付邮，邮局硬要拆开看，认为贵重美术品要课重税，只好不寄，替你们留在家中再说罢。另有扇子六把（希哲、思顺、思成、徽音、忠忠、庄庄各一），已经画好，一两天内便写成，即当寄去。

思成已到哈佛没有？徽音又转学何校？我至今未得消息，不胜怅惘。你们既不愿意立即结婚，那么总以暂行分住两地为好，不然生理上精神上或者都会发生若干不良的影响。这虽是我远地的幻想，或不免有点过忧，但这种推理也许不错，你们自己细细测验一下，当与我同一感想。

我在这里正商量替你们行庄重的聘礼，已和卓君庸商定，大概他正去信福州，征求徽音母亲的意见，一两星期内当有回信了。届时或思永福鬘的聘礼同时举行，亦未可知。

成、徽结婚的早晚，我当然不干涉。但我总想你们回国之前，先在欧洲住一年或数月，因为你们学此一科，不到欧洲实地开开眼界是要不得的。回国后再作欧游，谈何容易，所以除了归途顺道之外，没有别的机会。既然如此，则必须结婚后方上大西洋的船，殆为一定不易的办法了。我想的乘暑假后你们也应该去欧洲了，赶紧商议好，等我替你们预备罢。

还有一段事实不能不告诉你们：若现在北京主权者不换人，你们婚礼是不能在京举行的。理由不必多说，你们一想便知。若换人时恐怕也带着换青天白日旗，北京又非我们所能居了。所以恐怕到底不是你们结婚的地点。

忠忠到维校之后来两封信，都收到了。借此来磨炼自己的德性，是最好不过的了，你有这种坚强志意，真令我欢喜。纵使学科不甚完备，也是值得的，将来回国后，或再补入（国内）某个军官学校都可以。好在你年纪轻，机会多着呢。

你加入团体的问题，请你自己观察，择其合意者，便加入罢。我现在虽没有直接做政治活动，但时势逼人，早晚怕免不了再替国家出一场大汗。现在的形势，我们起它一个名字，叫作"党前运动"。许多非国民党的团体要求拥戴领袖作大结合（大概除了我，没有人能统一他们），我认为时机未到，不能答应，但也不能听他们散漫无纪。现在办法，拟设一个虚总部，不直接活动，而专任各团体之联络。大抵为团体，如美之各联邦，虚总部则如初期之费城政府，作极稀松的结合，将来各团事业发展后，随时增加其结合之程度。你或你的朋友也不妨自立一"邦"，和现在的各"邦"同时隶于虚总部之下，将来自会有施展之处。

以上十月二十九日写

　　昨日又得加拿大一大堆信，高兴得我半夜睡不着，既然思成信还没有来，知道他渐渐恢复活泼样子，我便高兴了。前次和思永谈起，永说"爹爹尽可放心，我们弟兄姊妹都受了爹爹的遗传和教训，不会走到悲观沉郁一路去"。果然如此，我便快乐了。

　　寒假里成、徽两人溜到阿图合顽几天，好极了。他们得大姊姊温暖一度，只怕效力比什么都大。

　　庄庄学生物学和化学，好极了，家里学自然科学的人太少了，你可以做个带头马。我希望达达以下还有一两个走这条路，还希望烂名士将来也把名士气摆脱些，做个科学家。

　　思永出外挖地皮去不成功，但现在事情也很够他忙了。他所挂的头衔真不少：清华学校助教、古物陈列所审查员、故宫博物院审查员。但都不领薪水（故宫或者有些少），他在清华整理西阴遗物，大约本礼拜可以完功。他现在每礼拜六到古物陈列所，过几天故宫改组后开始办事，他或者有很多的工作；他又要到监狱里测量人体，下月也开始工作，只怕要搬到城里住了。我出医院回津后，就没有看见他。过几天是他生日，要让他溜回家顽一两天。

希哲替我经营，一切顺利，欣慰之至，一月以来，由二叔交寄汇两次，共三千美金，昨天又由天津兴业汇二千美金，想均收到。前后汇寄之款，皆由变卖国内有价证券而来（一部分是保险单押出之款陆续归还者），计卖去中国银行股票面二万，七年长期票面万八千，余皆以半价卖出——但不算吃亏。因为前几年买入的价格都不过三折余，已经拿了多次利息了——国内百业凋残，一两年后怕所有礼券都会成废纸，能卖出多少转到美洲去，也不至把将来饭碗全部摔破。今年内最多只能再寄美金一千，明年下半年保险满期，当可得一笔稍大之款。照希哲这样经营得三两年，将来吃饭当不至发生问题了。

以上十月三十一日写

这封信写了多天未成，又搁了多天未寄，意在等思成一封信，昨天等到了，高兴到了不得。要续写，话又太多，恐怕更搁下去，就把前头写的先寄罢。

昨天思永"长尾巴"叫他回家顽三两天，越发没有工夫写信了。你们千万别要盼我多信，因为我寄给你们的信都是晚上写的，我不熬夜便没有信了，你们看见爹爹少信，便想爹爹着实是养病了。

我这一个礼拜小便非常非常之好，简直和常人一样了。你们听见，当大大高兴。

爹爹 十一月十五日

给孩子们书

1927 年 11 月 23 日

　　有项好消息报告你们，我自出了协和以来，真养得大好而特好，一点药都没有吃，只是如思顺来信所说，拿家里当医院，王姨当看护，严格地从起居饮食上调养。一个月以来，"赤化"像已根本扑灭了，脸色一天比一天好，体子亦胖了些。这回算是思永做总司令，王姨执行他的方略，若真能将宿病从此断根，他这回回家，总算尽代表你们的职守了，我半月前因病已好，想回清华，被他听见消息，来封长信说了一大车唠叨话，现在暂且中止了。虽然著述之兴大动，也只好暂行按住。

　　思顺这次来信，苦口相劝，说每次写信便流泪，你们个个都是拿爹爹当宝贝，我是很知道的，岂有拿你们的话当耳边风的道理。但两年以来，我一面觉得这病不要紧，一面觉得它无法可医，那么我有什么不能忍耐呢？你们放下十二个心罢。

　　却是因为我在家养病，引出清华一段风潮，至今未告结束。依思永最初的主张，本来劝我把北京所有的职务都辞掉，后来他住在清华，眼看着惟有清华一时还摆脱不得，所以暂行留着。秋季开学，我到校住数天，将本年应做的事大约定出规模，便到医院去。原是各方面十分相安的，不料我出院后几天，外交部有改组董事会之举，并且章程上规定校长由董事中互选，内中头一位董事就聘了我，当部里征求我同意时，我原以不任校长为条件才应允（虽然王荫泰对我的条件没有明白答复认可），不料曹云祥怕我抢他的位子，便暗中运动教职员反对，结果只有教员朱某一人附和他。我听见这种消息，便立刻离职，他也不知道，又想逼我并清华教授也辞去，好同清华断绝关系，于是由朱某运动一新来之学生（研究院的，年轻受骗）上一封书说，院中教员旷职，请求易人。老曹便将那怪信油印出来寄给我，讽示我自动辞职。不料事为全体学生所闻，大动公愤，向那写匿名信的新生责问，于是种种卑劣阴谋尽行吐露，学生全体跑到天津求我万勿辞职（并勿辞董事），恰好那时老曹的信正到来，我只好顺学生公意，声明绝不自动辞教授，但董事辞函却已发出，学生们又跑去外交部请求：勿许我辞。他们未到前，王外长的挽留函也早发出了。他们请求外交部撤换校长及朱某，外交部正在派员查办中，大约数日后将有揭晓。这类事情，我只觉得小人可怜可叹，绝不因此动气。而且外交部挽留董事时，我复函虽允诺，但仍郑重声明以不任校长为条件，所以我也断不致因这种事情再惹麻烦，姑且当作新闻告诉你一笑罢。

民国十六年十一月二十三日

给孩子们书

1927 年 12 月 12 日

　　这几天家里忙着为思成行文定礼，已定本月十八日（阳历）在京寓举行，日子是王姨托人择定的。我们虽不迷信，姑且领受他一片好意。因婚礼十有八九是在美举行，所以此次文定礼特别庄严慎重些。晨起谒祖告聘，男女两家皆用全帖遍拜长亲，午间宴大宾，晚间家族欢宴。我本拟是日入京，但一因京中近日风潮正恶，二因养病正见效，入京数日，起居饮食不能如法，恐或再发旧病，故二叔及王姨皆极力主张我勿往，一切由二叔代为执行，也是一样的。今将告庙文写寄，可由思成保藏之作纪念。

　　聘物我家用玉佩两方，一红一绿，林家初时拟用一玉印，后闻我家用双佩，他家也用双印，但因刻主好手难得，故暂且不刻，完其太璞。礼毕拟将两家聘物汇寄坎京，备结婚时佩带，惟物品太贵重，生恐失落，届时当与邮局及海关交涉，看能否确实担保，若不能，即仍留两家家长处，结婚后归来，乃授与宝存。

　　在美婚礼，我远隔不能遥断，但主张用外国最庄严之仪式，可由希哲、思顺帮同斟酌，拟定告我。惟日期最盼早定，预先来信告知，是日仍当在家里行谒祖礼，又当用电报往贺也。

　　婚礼所需，思顺当能筹划，应用多少可由思顺全权办理。另有三千元（华币），我在三年前拟补助徽音学费者，徽来信请暂勿拨付，留待归途游欧之用，今可照拨。若"捣把"有余利，当然不成问题，否则在资本内动用若干，亦无妨，因此乃原定之必要费也。

思成请学校给以留欧费一事，现曹校长正和我闹意见，不便向他说项，前星期外交部派员到校查办风潮起因，极严厉，大约数日内便见分晓。好在校长问题不久便当解决，曹去后大约由梅教务长代理，届时当为设法。

我的病本来已经痊愈了，二十多天，便色与常人无异，惟最近一星期因作了几篇文章，实在是万不能不作的，但不应该连着作罢了。又渐渐有复发的形势，如此甚属讨厌，若完全叫我过"老太爷的生活"，我岂不成了废人吗？我精神上实在不能受此等痛苦。

晚饭后打完了"三人六圈"的麻将，时候尚很早，抽空写这封信，尚有许多话要说，被王姨干涉，改天再写罢。

民国十六年十二月十二日

给孩子们书

1928 年 8 月 22 日

　　新人到家以来，全家真是喜气洋溢。初到那天看见思成那种风尘憔悴之色，面庞黑瘦，头筋涨起，我很有几分不高兴。这几天将养转来，很是雄姿英发的样子，令我越看越爱。看来他们夫妇体子都不算弱，几年来的忧虑，现在算放心了。新娘子非常大方，又非常亲热，不解作从前旧家庭虚伪的神容，又没有新时髦的讨厌习气，和我们家的孩子像同一个模型铸出来。所以全家人的高兴，就和庄庄回家来一般，连老白鼻也是一天挨着二嫂不肯离去。

　　我辞了图书馆长以后，本来还带着一件未了的事业，是编纂《中国图书大辞典》，每年受美国庚款项下津贴五千元。这件事我本来做得津津有味，但近来廷灿屡次力谏我，说我拖着一件有责任的职业，常常工作过度，于养病不相宜。我的病态据这大半年来的经验，养得好便真好，比许多同年辈的人都健康，但一个不提防，却会大发一次，发起来虽无妨碍，但经两三天的苦痛，元气总不免损伤。所以我再三思维，已决意容纳廷灿的忠告，连这一点首尾，也斩钉截铁地辞掉。本年分所领津贴已经退还了（七月起），去年用过的五千元（因为已交去相当的成绩），论理原可以不还，但为省却葛藤起见，打算也还却。现在定从下月起，每月还二百元，有余力时便一口气还清。你们那边营业若有余利时，可替我预备这笔款，但不忙在一时，尽年内陆续寄些来便得。

民国十七年八月二十二日